南京林业大学标志性成果培育项目

中国古典园林图像艺术

（上）皇家园林图像卷

Royal Garden Image Volume I

Chinese Classical Garden Graphic Art

许浩　著

辽宁科学技术出版社
沈阳

目录

上 · 皇家园林图像卷

中 · 风景名胜图像卷

下·私家、寺观园林图像卷

作者简介

许浩，1973 年 11 月生，男，研究领域为中国园林历史与文化，艾瑞深校友会“2022 中国高贡献学者”、江苏省第六期“333 高层次人才培养工程”第二层次培养对象，目前为《中国景观设计年鉴》主编，《亚太艺术》学术委员会委员，南京林业大学风景园林学院教授、博导，园林图像史学研究中心主任。出版学术专著 6 部，发表学术论文 60 余篇，获得教育部第八届高等学校科学研究优秀成果奖（人文社会科学）二等奖、江苏省第十六届哲学社会科学优秀成果奖一等奖、二等奖等省部级奖项。

绪论

第一节 本书的意义与内容

一、相关研究

中国古典园林源远流长、博大精深。早在春秋战国时期，就出现了王公贵族的宫苑。秦汉时期开始大量营造皇家园林。魏晋南北朝时期，自然山水美学主导了园林的审美，民间园林有了长足的发展。这一时期，佛教汉化，道教发展，寺观园林极其兴盛。隋唐至两宋，园林类型和功能趋向定型，园林更加开放，兼容并蓄，营造技艺和艺术性有了大幅提高。明清时期，中国园林流派纷呈，南北地域交流频繁，在实践和理论上都产生了巨大的成就。中国古典园林不仅是中华文明的缩影，也是中华历史文化遗产的重要组成部分和杰出代表。

对古典园林的研究，大致包括三个方面：分析园林的景观特色、造园意匠和美学思想，挖掘古典园林的人文内涵①；采用通史与地域史的方法，研究园林的历史发展状况与特征②③；整理、分析古典园林的布局形态，以及假山、建筑、铺装的工程做法与传统技艺，提炼古典园林流派的风格特征，作为古建园林复原和修缮的资料④⑤⑥。

在古典园林史料类型中，图像史料的作用日益突出。早在西晋时期，陆机（261—303）就提出："宣物莫大于言，存形莫善于画。"唐代张彦远（约815—875）在《历代名画记》中写道："象制肇创而犹略，无以传其意，故有书；无以见其形，故有画。""记传，所以叙其事，不能载其容；赋颂，有以咏其美，不能备其象。图画之制，所以兼之也。"⑦南宋史学家郑樵（1104—1162）在《通志》中也提出："图，经也；书，纬也，一经一纬，相错而成文。图，植物也；书，动物也，一动一植，相须而成变化。见书不见图，闻其声不见其形；见图不见书，见其人不闻其语。"⑧这些论述表明，人们很早就认识到图像的记录与表达功能。在古代社会发展过程中，产生了大量以园林为主题的版画和水墨图像。这些图像作为历史园林的记录，呈现出丰富的景观图景，反映古典园林的空间构成、景观特征与社会功能，其中折射出鲜明的时代特征与社会文化意义，彰显了中国古典园林的价值与光芒。⑨⑩

德国学者阿比·瓦尔堡（Aby Warburg，1866—1929）于1912 年首次提出图像学研究概念，将其作为对作品内容和深层意义进行阐释的重要方法。随后欧文·潘诺夫斯基（Erwin Panofsky，1892—1968）进一步发展了图像学理论与方法，将图像研究分为描述、分析和阐释三个阶段。其中，描述是对图像内容进行基本的形式识别，分析是根据相关的文献与知识分析、解释

---

① 童寯：《江南园林志》（第二版），北京：中国建筑工业出版社，2014 年。
② 周维权：《中国古典园林史》，北京：清华大学出版社，1990 年。
③ 汪菊渊：《中国古代园林史》，北京：中国建筑工业出版社，2012 年。
④ 刘墩桢：《苏州古典园林》，北京：中国建筑工业出版社，2005 年。
⑤ 杨鸿勋：《江南园林论》，上海：上海人民出版社出版，1994 年。
⑥ 彭一刚：《中国古典园林分析》，北京：中国建筑工业出版社，2008 年。
⑦ [唐] 张彦远：《历代名画记》卷第一。
⑧ [宋] 郑樵：《通志·图谱略·索象》。
⑨ Peter Burke 著，杨豫译：《图像证史》，北京：北京大学出版社，2008 年。
⑩ 陈怀恩：《图像学：视觉艺术的意义与解释》，石家庄：河北美术出版社，2011 年。

作品图像中的内容主题，阐释是进一步揭示图像的深层意义。描述、分析、阐释成为图像研究的经典模式，并应用于文艺复兴艺术人文主题的图像研究中。[①]图像研究的理论与方法近年来在国内学术界产生影响[②③]，目前已有一些学者通过历史图像研究历史园林、建筑、城池的营造技艺与样式[④⑤]，但是尚未见到对中国古典园林的历史图像的系统整理和专题性的挖掘分析。

二、学术意义

图像与文字是人类记录文明的主要方式。古典园林图像是以古典园林为主题内容的写实性历史图像，包括版画、水墨等形态，是园林艺术传播、流传的主要方式。数千年中国史，留下浩瀚无垠的图像宝库，其中的园林图像数量巨大，蕴含丰富的历史、文化和艺术价值，具有无与伦比的研究价值。然而，相比较于文献典籍，园林图像的价值与意义并未引起足够的重视，长期以来图像史料散落，急需系统性的整理与挖掘。

本书的意义体现在以下三个方面。其一，奠定了中华古典园林研究的图像学基础，有助于推动中华园林图像艺术的系统研究。本书首次对以中国古典园林为主题的历史图像进行了分类整理，通过图像史料展示了古典园林的基本面貌、技艺特征与艺术成就，同时也系统地展示了园林图像这一艺术类型的内涵与特征，将开创中国园林艺术与图像艺术研究的新局面。

其二，有助于进一步挖掘古典园林的内涵与意义。园林是人们休闲、游憩、游观与交往的场域，体现了共同的社会行为规范、审美趣味与文化特质，是中华民族地域文明形态的缩影，延续了社会文化基因。图像是对历史景观的记录与描述，同时也是历史景观传播与呈现的方式与载体。开展对园林历史图像的系统整理、分析，有助于深入挖掘古典园林的历史文化内涵与意义。

其三，有助于保护、弘扬优秀园林艺术。古典园林与历史名胜的传承与保护是当代遗产保护与文化艺术工作中的重要课题。在不少地方，一些历史上的优秀园林得到了保护和修复，成为重要的园林文化遗产。然而，中国历史上大量的具有独特价值的园林与名胜景观湮没于历史长河中，今天只能从文字与图像中一窥当日的面貌。图像在视觉上直观呈现景域空间，细致再现局部装饰与构成，体现社会空间关系。古典园林图像史料的整理与分析能够丰富我国园林艺术的资料库，有助于更加全面地保护我国优秀的风景园林文化遗产，促进园林艺术的传承和发扬。

三、目的与内容

本书的主要目的在于，对中国古典园林图像进行整理，梳理图像的来源、作者、材料，按照图像的主题类型进行分类，对图像内容进行阐述和解读，从而系统性地呈现中国古典园林图像的基本面貌与内涵。

---

①［美］潘诺夫斯基著，戚印平、范景中译：《图像学研究：文艺复兴时期艺术的人文主题》，上海：生活·读书·新知三联书店，2011 年。

② 韩丛耀：《图像符号的特性及其意义解构》，江海学刊：2011 年第 5 期，第 208—214 页。

③ 刘伟冬：《西方艺术史研究中的图像学概念、内涵、谱系及其在中国学界的传播》，新美术：2013 年第 3 期，第 36—54 页。

④ 高居翰：《不朽的林泉》，北京：生活·读书·新知三联书店，2012 年。

⑤ 梁思成：《图像中国建筑史》，北京：生活·读书·新知三联书店，2011 年。

本书共收集、整理中国园林历史图像1115幅，以中国人绘制和刊刻的古代图像为主，也包括少量国外印刷的、国外画师绘制的以中国古典园林为主题的图像作品。这些图像均具有写实性图绘特征，分为皇家园林、私家园林、风景名胜和寺观园林四个图像类型，涉及皇家园林59处、风景名胜134处、私家园林30处、寺观园林65处。这些园林有的已经消失，有的经过多次改造、重建，面貌发生了很大改变。图像具有形象、直观的视觉特征，反映园林的地理环境、布局结构、景观风貌和装饰细节，浓缩了园林营造的相关历史信息。

本书采取分主题按照时间顺序组织图像的方法，即根据图像的绘制时间或者刊刻时间的先后顺序，将其纳入各个园林主题框架中。通过前后图像内容的对比，可以提炼出园林的景观构成与变化特征，又可以呈现出不同性质图像视觉表达的差异性特征，这有助于从园林景观（表现对象）与视觉呈现两个角度认识园林图像的内涵。

为了充分了解园林图像内容，本书在对各类型图像内容进行解读之前，先对各类型园林营造历史脉络和相关的园林图像发展脉络进行梳理，尽可能地呈现园林与图像的整体历史框架。将个案置于历史框架中进行解读，有助于更深刻地把握各园林图像的特征。

本书包括十八章内容，分为“上・皇家园林图像卷”“中・风景名胜图像卷”和“下・私家、寺观园林图像卷”三卷。“上・皇家园林图像卷”绪论部分阐述了相关研究进展情况，提出了本书的学术意义，概述了本卷的目的与内容，并对图像艺术发展脉络进行了梳理。第一、第二章结合文献资料，对我国皇家园林的历史发展过程进行了概述，进而按照历史时序梳理相关的图像史料，考察图像主题、材料、出处与作者。在此基础上，按照皇家园林的三个类型——大内御苑、离宫御苑和行宫御苑，分别展开对皇家园林图像的解析。第三章对大内御苑图像进行了解读，按照汉长乐宫与未央宫、汉建章宫、唐西内等十二个主题组织论述。第四章围绕离宫御苑图像，分唐华清宫、避暑山庄、圆明园和清漪园四个图像主题进行解读。第五章围绕行宫御苑图像，分金明池、静宜园、盘山行宫等七个图像主题进行整理与阐述。

“中・风景名胜图像卷”包括第六至第十二章，对134处风景名胜的历史图像进行了整理和解读。第六章概述了我国风景名胜的分布、性质和特征，并对五岳名山、宗教名山的历史文化进行了阐述。第七章根据所绘的主题将书中所收录的风景名胜图像，分为名山、名水、名洞、名石、名楼、名亭、名台、名塔共八个类型，按时间序列梳理了图像的主题内容、媒介材料、出处和作者。第八至第十章对山、水名胜图像进行了分类梳理与解析，其中第八章包括“泰山图像”“华山图像”“衡山图像”等78处名山图像，第九章包括“大明湖图像”“前湖图像”“百泉湖图像”等17处名水图像。杭州西湖属于山水名胜，开发较早，以西湖为主题的历史图像繁杂，故单列于第十章。第十一章针对自然名胜中的名洞与名石图像进行整理与分析，第十二章针对人工建筑类名胜（楼、亭、台、塔）图像进行整理与分析。

“下・私家、寺观园林图像卷”结合文献资料与既往研究，分别对私家园林和寺观园林的历史图像进行了整理与解读。第十三、第十四章对我国私家园林的发展做了概述，进而对本卷所收录的私家园林图像的主题、出处、材质和作者情况进行了梳理。第十五章围绕辋川别业、坐隐园、寄畅园等30处代表性的私家园林，从图像构成、形式、造型细节、园林营造角度对图像内容进行了解析。第十六章阐述了我国佛教、道教的发展历程与寺观园林选址的特征。第十七、第十八章整理、解读了宏恩寺、岱庙等65处寺观园林的历史图像。本卷从图版内容分析入手，兼顾考察图像主题、材料、出处与作者。如果每一处园林所收录的图像不止一幅，则按照图像制作时间顺序排序，从而揭示出园林图像的历史变化。最后，本卷提炼了图像视觉呈现和园林营造特征，进一步阐明了中国古典园林图像的价值与意义。

第二节　中华图像艺术

一、水墨图像

作为园林记录的图像艺术主要包括水墨图像和版刻图像两大类。水墨图像即水墨画，其中又以山水画为主。早在魏晋南北朝时期，因玄学与隐逸思想的流行，对自然山水的审美意识达到了新的高度。除了山水诗之外，文人士大夫还创作山水画，抒发对自然山水的向往与喜爱之情。如顾恺之（约346—407）创作了《庐山》《云台山》等山水画，他的《画云台山记》记录了当时的山水画布局与构思。宗炳（375—443）热爱佛学，远离官场，在庐山跟随东林寺慧远禅师研习佛法，他的《画山水序》是中国最早的山水画论，蕴含了东晋时期山水画美学思想，也标志着山水画正在成为独立的画种。

隋唐时期，山水画图式确立下来，表明对自然山水风景的审美水平大幅提高。隋代帝王喜好大兴土木，隋唐皇室在风景地营造了很多宫苑，这一时期出现了不少擅长描绘宫苑台榭和苑林风景的画家，比较典型的有展子虔、董伯仁、阎立德、阎立本、李思训等。文人山水画在唐代有了很大发展，代表画家为王维、卢鸿等人。王维（701—761）不仅诗歌成就卓越，而且在山水画方面造诣很高。王维代表作《辋川图》，内容以其田园居所、自然山水景观为主，风格气韵流畅、笔力雄壮[①]，画有禅意，因此王维被誉为南派山水画鼻祖。

由于文化发达、经济发展、官府重视、市民喜爱，绘画在五代、两宋时期得到长足的发展，并取得划时代的成就。这一时期出现了山水画地域风格的分化，即北派和南派山水画。

北派山水画是五代与北宋时期山水画的主流之一。其特点是创作主体基本为隐居的文人，这些人游历北方的名山大川，所画内容题材以北方山水为主，多采用全景式、高大、肃穆的构图，具有雄浑、沉静、厚重、坚实的北方气质，代表画家有荆浩、关仝、范宽、李成、郭熙、王诜等。比如唐末五代人荆浩（生卒年不详）所作《匡庐图》，主题取庐山风景，采用全景直立式山水构图，图中峰谷峻拔，笔法严谨，气质雄浑大气，具有深远的意境。关仝（生卒年不详）为荆浩的弟子，进一步完善了北派山水画的画法与理论，代表作有《关山行旅图》《山溪待渡图》等。关仝的作品以秦岭、华山一带山水为题材，构图采用立式山水图式，峰峦高耸，峰石嶙峋，笔墨雄浑凝重，意境高远古朴[②]。南派山水画特点是以江南山水风景为主要题材。江南多丘陵，植被茂盛，空气湿润，河流汀洲曲折，景色清秀，缺乏北方的高山巨石，因此南派山水画在画面图式构成和笔墨意境方面与北派山水画有明显的地域性差别。

因金兵南侵，北宋覆亡后，大量文人、画家逃到江南，成为南宋画坛的主要力量。江南的风土人情，孕育了李唐、刘松年、马远等著名山水画家。李唐

---

① 杨仁恺主编：《中国书画》（修订本），上海：上海古籍出版社，2001 年，第 88 页。
② 杨仁恺主编：《中国书画》（修订本），上海：上海古籍出版社，2001 年，第 99—101 页。

（约1066—1150）是南宋山水画坛的核心人物，早年曾在北宋画院从事绘画，随徽、钦二帝被掳往北国，后来历经艰难来到临安，成为南宋画院的重要人物。李唐的代表作品有《万壑松风图》《长夏江寺图》《采薇图》等[①]。刘松年（生卒年不详）常年居住临安城清波门外，曾任画院待诏，代表作品有《四景山水图》《秋窗读易图》等，作品风格温婉细腻、秀润精密，擅长表达江南小景。马远（生卒年不详）的画面往往截取山水景观的局部，即所谓的"残山剩水"，被称为"马一角"，用笔高简精整，画面意境深远[②]。

五代两宋时期是山水画与花鸟画的高度发展时期。这一时期，画家对于城镇园林要素，如树木花草和鸟禽等观察细致入微，植物与山水景观的审美达到较高的水平，风景图式趋于定型，并能借绘画艺术表现文人品格与精神追求。对自然景观的喜爱与审视，自然而然地促进了城镇造园的发展。山水画理论经验的不断积累，为造园艺术中的筑山理水提供了直接指导。

元代汉族文人阶层流行隐逸的风气，退隐江湖，沉醉于山林别业，通过书画抒发情怀。即便是出仕的文人，也因为特殊的社会与政治环境，寄情于书画艺术。在这种背景下，元朝的文人山水画获得空前的发展，涌现了以赵孟頫、钱选、高克恭以及黄公望、倪瓒、吴镇、王蒙"元四家"为代表的山水画家。其中，钱选（1239—1302）的画作多以高士文人为题材，或者通过自然山水比喻自己的品格节操，画风淋漓畅快、秀雅清灵，用笔简淡但是意境深远，开创了青绿山水与文人写意相结合的画法。元代水墨画崇尚笔墨，画以意先，推动写意文人画走向成熟。倪瓒（1306—1374）是"元四家"之一，其山水画画面淡泊、超脱，作品有禅意，开创了"阔远式"山水构图，代表作有《秋亭嘉树图》《江岸望山图》《虞山林壑图》等。倪瓒晚年曾游历苏州狮子林，作有《狮子林图》。

在元代文人山水画的基础上，明代山水画有了很大的发展，涌现出了多个画派，如吴门派、松江派、武林派等。这些画派活跃于不同的地域，以摹写、表现地域性山水风景和园林小品为目的，创作了大量的山水图像。

吴门派代表画家有沈周、文徵明、唐寅、仇英，根植于太湖苏州一带，以文人山水画为基础发展而来，擅长学习、借鉴前人传统，强调南北兼容，形成了自己的文人画特点。沈周（1427—1509），苏州吴县人，出身于书香世家，擅长花鸟、山水、人物画以及诗词，在山水画方面成就斐然，代表作品有《庐山高图》《卧游图》《承天寺夜游诗图》《支硎山图》《江村渔乐图》等。沈周的作品特点是采用粗笔山水的技法，以江南山水与人物活动为主题，山势空间深邃繁密，江洲空旷辽远，笔法厚重、虚实变幻又兼具轻灵之感。文徵明（1470—1559），号衡山居士，是沈周的学生，擅长诗画，尤其擅长山水画，代表作有《风雨孤舟图》《石湖清胜图》《江南春图》《停云馆言别图》《灌木寒泉图》《拙政园三十一景图》等。文徵明用笔兼有粗笔、细笔技法，笔法灵动，善于造境造势，画风沉静雅致，尽得自然妙趣。唐寅（1470—1524）画风严谨又不失灵气，既有北派山水的厚重感，又有南

---

① 杨仁恺主编：《中国书画》（修订本），上海：上海古籍出版社，2001年，第174页。
② 杨仁恺主编：《中国书画》（修订本），上海：上海古籍出版社，2001年，第155、175页。

派山水的意境。仇英（1494—1552）是太仓人，后移居苏州，曾随文徵明和周臣学习绘画。仇英主要创作青绿山水画，用笔极其工整精细，画面缜密，造景功夫极深，格调高雅明丽。①

松江派由出身、活动于松江的一批山水画家组成，是明朝主要的文人画派之一，代表人物为董其昌。董其昌（1555—1637），字玄宰，号思白、香光居士，曾任礼部尚书，是明代后期的山水画与书法巨匠。董其昌注重学习古人，对自然界的山水景观，尤其是江南太湖一带的山水风景观察细致，其作品包括水墨山水和没骨青绿山水，画风雅致秀润，笔墨简洁且富于书法韵意。明末武林派的代表人物蓝瑛（1585—1666），钱塘（今杭州）人，注重师法古人，对自然风景观察入微，擅长立式山水画，构图高远，笔墨纵横淋漓，色彩雅致，画风苍劲明快，有秀逸之气。②

清代山水画在继承前代的基础上，又有了很多新的变化，不仅流派纷呈，而且在画法上兼容并蓄，涌现了“四王”，以及宫廷画家焦秉贞、冷枚等著名画家。

“四王”包括王时敏、王鉴、王翚、王原祁四人，是清朝初期的主要画派，继承了董其昌一脉的文人山水画传统，画风崇古，技法精湛，受到上层统治阶层，甚至康熙皇帝的喜爱。王时敏（1592—1680）出身官宦世家，曾随董其昌学画，并专心临摹古代名家山水，对南派山水画推崇备至。王时敏在学习黄公望绘画技法的基础上，笔墨又有所变化，画风秀润苍劲，有清逸之气。王鉴（1598—1677）为明代著名文人王世贞后人，自幼学习董源、巨然、元四家等作品，也受到董其昌与王时敏的影响，对古代名家技法能融会贯通，作画笔力厚重，意境清幽，代表作有《虞山十景册》。王翚（1632—1717），字石谷，曾跟随王时敏和王鉴学画，师法古人与天地造化，擅长画江南风景，功力精深。王翚曾入京主持绘制长卷巨作《南巡图》，后开创虞山派。王原祁（1642—1715）为王时敏之孙，受家学影响，绘画师法黄公望，绘制有《西湖十景图》《万寿盛典图》等长卷。③

二、版刻图像

中国的雕版起源于隋唐时期，明朝陆深在《河汾燕闲录》中曰：“隋文帝开皇十三年十二月八日，敕废像遗经，悉令雕版，此印书之始。”④唐代宗教较为发达，官府、寺院刊刻有大量的佛经。为了在信徒之中广泛传播佛经教义，这些佛经中采取图文并茂的形式，夹杂有一些木刻插图，插图的内容与宣扬佛经内容有关。目前所见最早的版刻图像为唐懿宗咸通九年（868）刊印的卷轴装《金刚般若波罗蜜经》卷首插图，刻画了释迦牟尼在菩萨、罗汉、金刚、飞天簇拥下说法的内容⑤。除了佛经插图以外，还有大量的单幅刻印的“菩萨像”“天王像”等，

① 王璜生，胡光华：《中国画艺术专史》（山水卷），南昌：江西美术出版社，2008 年，第 422—432 页。
② 王璜生，胡光华：《中国画艺术专史》（山水卷），南昌：江西美术出版社，2008 年，第 437、442、443 页。
③ 王璜生，胡光华：《中国画艺术专史》（山水卷），南昌：江西美术出版社，2008 年，第 518—528 页。
④ ［明］胡应麟：《少室山房笔丛》，上海：上海书店出版社，2001 年，第 44 页。
⑤ 宿白：《唐宋时期的雕版印刷》，北京：生活·读书·新知三联书店，2020 年，第 172 页。

这些佛像往往是作为民众膜拜的对象受到供奉，与宗教传播活动有关。

两宋时期，雕版印刷术有了很大的发展，统治者在文化政策和出版业方面采取了较为宽松的态度，除了官方的刻书机构外，各地出现了一批民办书坊。这一时期刻书的种类和数量都有了较大规模的增长，不仅有官修的经史子集部类书和宗教经书，还有大量的小说戏曲话本、画谱等。这些书籍中有大量的版刻插图，作为对文字说明内容有效的补充，在形式上采取上图下文、左文右图、连环插图等多种形式。两宋时期，全国形成了临安（今杭州）、汴京、眉山、建宁四个刻印中心。其中，临安的雕版印刷和刻工水平精良，是当时全国的刊刻中心。建宁主要刊刻出版通俗类小说戏曲话本，数量较多。

元代版刻技艺进一步发展，经文书籍、实用性书籍、文史书籍、画谱等收录有大量的木刻版画插图。全国形成了大都、平阳、杭州、建宁四个印刷刊刻中心。大都作为都城，设置有官方的雕版刊刻机构，分工细致，所生产的书籍版画插图雕刻精美。南方杭州、建宁继承了南宋的雕版印刷风格，版画风格较为简约生动。[①]

明代是我国版刻图像大发展的时期。明朝统治者非常重视书籍的出版与发行，明代内廷和各级官署都刊刻了大量经史子集和百科实用书籍。民间文学作品，如戏曲、小说、传奇在社会上有强烈的需求，刺激了民间出版业的发展。明代统治者放开了民间书坊的控制，在市民需求的驱动下，各地出现了大量的私家书坊，规模远远超过宋元时期，所刻书籍的范围涵盖了宗教、小说戏曲、画谱、历史、百科实用类图书。[②]刻书业的发展为版刻插图的发展奠定了基础。

在明代，木刻版画生产中出现的一个重要的变革就是绘图和雕版镌刻开始分离。明代是中国绘画艺术发展的重要时期，在山水、人物、花鸟画领域涌现了一批重要的画派和绘画大家。众多的画家，如钱贡、汪耕、丁云鹏、陈洪绶等为版画制作提供了图绘底稿，在很大程度上促进了版画艺术的提高。

万历年间，版画艺术发展到了高峰。各类出版物愈来愈追求精致性、可读性、大众性，版画插图成为提升书籍艺术价值和审美价值的必然要素。衡量一部图书的优劣，很大程度上要看版画插图的水平，而插图水平和图书优劣直接决定销路。因此各地书坊不惜重金提升版画插图水平。除了聘请画家勾绘底稿外，还聘用镌刻水平较高的刻工进行雕版。这一时期，在原有的出版中心外，徽州和苏州成为新兴的刊刻中心，因此形成了明代版画的几大流派，主要有徽州版画、金陵版画、武林版画、苏州版画、建安版画。

徽州版画以歙县、休宁为中心。徽州山清水秀、人杰地灵，商业发达，文化底蕴深厚，制墨、制砚技术在明代首屈一指。嘉靖年间，徽州刻书业蓬勃发展，万历时期达到顶峰。徽州书籍版画插图往往雅致秀丽、细密精工，装饰味道足，同时富于书卷气。徽州的木刻家们以家族传承为基础，不断发展镌刻技艺，形成了黄氏、汪氏等刻工家族。徽州木刻家到杭州、金陵等地的书

---

① 郑振铎：《中国古代木刻画史略》，上海：上海书店出版社，第22页。
② 北京大学中国传统文化研究中心：《宋元明清的版画艺术》，郑州：大象出版社，第46、47页。

坊工作，促进了这些地区版画技术的发展。

黄氏家族聚居于歙县虬村，是徽州镌刻技术最著名的家族，主持了多部重要图书的插图刊刻工作。万历十年（1582），黄铤镌刻了郑之珍作的《新编木莲救母劝善戏文》的木刻版画插图。万历十一年黄得时主持雕刻《方氏墨谱》插图。万历二十二年（1594）黄鏻镌刻了《程氏墨苑》和焦竑编纂的《养正图解》插图，后者是皇子的教材，绘图者为明代著名画家丁云鹏。安徽人汪廷讷在金陵开设了环翠堂书坊，所刻书籍基本采用徽派黄氏刻工。如万历年间环翠堂刊印的《环翠堂园景图》，由黄应组镌刻，钱贡绘图。万历三十七年（1609）《坐隐棋谱》卷首《坐隐图》与万历三十八年（1610）环翠堂刊印的《人镜阳秋》，亦由黄应组刻，汪耕绘图。汪氏中的汪忠信主持镌刻了《新镌海内奇观》插图，汪文佐刻有《茅评牡丹亭记》，汪楷刻有《十竹斋书画谱》，汪文宦刻有《仙佛奇踪》。另外，徽州刻工项南洲、洪国良等合作镌刻了《吴骚合编》，洪国良、刘应组等合刻了《金瓶梅》的版画插图，都代表了当时徽州刻工的水平。①

金陵是明代都城，刻书业发达，官办与民间的书坊非常多。万历时期，金陵小说戏曲刊行量大，为迎合市民口味，增大销路，版画插图数量也大量增加，且图绘优美、通俗易懂。武林即杭州，自宋代起已经是印刻中心。明代武林基本为民办书坊，多印刻通俗类小说、戏曲、画谱等。由于大量的徽州刻工和文人画家在杭州生活、游历，因此武林版画较为接近徽州版画风格。苏州是文人画派的重要基地，刻书业也较为发达，所刊印的基本为面向大众的通俗类小说戏曲等。福建建宁府是书籍刊刻的中心之一，有余氏双峰堂、刘龙田乔山堂等书坊数十家。当地产纸，印刷成本低，因此书籍刊行量大。书籍插图版画多由工匠绘刻，风格比较粗犷质朴，与徽州版画形成鲜明对比。②③

清代前期是殿版画的大发展时期。康熙十九年（1680）内务府设置的武英殿修书处，是清廷编纂、刊印图书的机构。由武英殿刊刻的图书，称为殿本，其中的版刻插图称为殿版画。康乾时期，武英殿云集了一大批技艺精湛的画师和工匠，在出版数量和图书质量上远胜于明朝宫廷刻书。

殿版画基本由专业画家勾绘底稿，由刻工根据底稿进行雕刻，因此往往质量很高。一些著名的殿版画汇集了著名画家和雕刻名手之力，甚至有外国传教士参与其中。康熙十三年（1674），由外国传教士绘图、武英殿刻印的《新制仪象图》是一部科技仪器版画图像集。康熙三十五年（1696），《御制耕织图诗》由宫廷画家焦秉贞绘图，雕刻名手朱圭等镌刻，是殿版画中的代表作。另外，武英殿刊刻的《御制避暑山庄三十六景诗图》《古今图书集成》《御制圆明园四十景诗图》《万寿盛典初集》《南巡盛典》等均为殿版画中的巨制。

---

① 郑振铎：《中国古代木刻画史略》，上海：上海书店出版社，第 101、102、104、105、119 页。
② 北京大学中国传统文化研究中心：《宋元明清的版画艺术》，郑州：大象出版社，第 79、80、87、95、96 页。
③ 章宏伟：《明代木刻书籍版画艺术》，郑州轻工业学院学报（社会科学版）：2012 年第 6 期，第 92—105 页。

除了木刻版画以外，康熙时期还引入了铜版画技术。最早的宫廷铜版画为意大利传教士主持雕刻的《御制避暑山庄三十六景诗图》。乾隆时期，清内廷先与法国合作刊刻了铜版画《平定准噶尔回部得胜图》，此后又单独刻印了《平定两金川得胜图》《平定台湾得胜图》等。嘉庆之后，殿版画的创作逐渐走向衰落。[①]

清代的民间版画主要集中在山水地理志书、游记、画谱、小说戏曲等通俗类读物中。清政府注重修志，各地官府编修了大量的地理志、山水志书，志书中有不少木刻插图，往往是以地方山川名胜为主题，典型的有《黄山志》《摄山志》等。随着地方风景名胜的开发，一些人醉心于游历名山大川，以其经历写成游记类书，其中的版画插图以经历为线索，重点描绘地方风土人情，如道光年间的刊刻《鸿雪因缘图记》等。清代刊刻了不少画谱，如《芥子园画传》《墨竹新谱》《百蝶图》等，主要在文人与画家中流行。面向大众的小说戏曲类图书依旧刊刻量巨大，尤其是《红楼梦》《聊斋志异》《镜花缘》《荡寇志》等书，其中含有大量的插图。总体而言，清代民间出版业较为发达，版画数量很多，艺术水平前期较高。嘉庆之后，一些地方如广州的木刻版画水平提升很快。上海等地尽管开发较晚，但是经济发展很快，清晚期出现了像《申江胜景图》等代表性的版画作品。

① 翁连溪编著：《清代宫廷版画》，北京：文物出版社，2001年，第1、4、5、17页。

第一章

皇家园林概述

早在殷周时期，王公贵族营造的宫苑成为中国皇家园林的雏形。殷朝末代君王殷纣王喜好游乐，大兴土木，营造了华丽的宫苑。据史料记载，公元前11世纪殷纣王曾在朝歌城内营造鹿台，在安阳以北修建沙丘苑台，用于游赏玩乐。除了游乐，鹿台还具有通神、祭祀的功能，其修建花费了大量的财力。沙丘苑台规模宏大，内部圈养野兽，同时具有狩猎、游乐、通神祭祀的功能。周文王以丰京为国都，营造城池宫室，在城外营建了灵囿、灵沼、灵台。灵囿面积方圆七十里，囿内森林密布，植物枝繁叶茂，且圈养走兽禽鸟，是文王狩猎游乐之处。灵囿内筑有灵台，具有观赏风景的作用。灵台旁开辟有大池沼，称为灵沼，沼内养鱼，生态环境优美。除了周文王之外，其他诸侯也营建了用于狩猎、祭祀和游乐的园囿。

春秋战国时期，周天子权威地位削弱，诸侯国经济与政治势力逐渐强大起来，各国君主营造大量的宫室囿苑。宫室大多造在都城里，囿苑则设置在郊野风景优美的地方。吴国君主夫差营造有长洲苑、梧桐苑和鹿苑，鹿苑内圈养鹿，并在太湖之滨姑苏山上营造有姑苏台，作为游乐之地。姑苏台内有春宵宫、馆娃宫、海灵馆，山上凿有天池，池中有青龙舟，宫苑建筑多用珠玉装饰，风格恢宏华丽。其他的诸侯国君主也出于游赏、娱乐以及政治需求营造了大量宫苑，如秦国在甘泉山上营造有林光宫，在渭河南建有上林苑，齐国在渤海之滨建有柏寝台，燕国建有禅台、黄金台和碣石宫，楚国在云梦泽建有放鹰台、章华宫，魏国建有梁囿，赵国建有赵囿等。

秦国统一六国后，建立封建集权的统一国家。秦始皇大兴土木，在秦都咸阳、渭河南北营造了规模宏大的皇家园林。秦始皇扩建了咸阳宫，并在雍门以东、渭河北岸营建了六国宫，在渭河南岸大规模扩建了上林苑，在关中地区还营造了骊山宫、宜春苑、兰池宫等皇家园林。上林苑内建有著名的阿房宫，是狩猎游乐的场所。骊山宫位于骊山北坡，有多处温泉，通过专门的复道与阿房宫相通。林光宫位于甘泉山东坡，地理位置险要，风景秀美，是避暑胜地。兰池宫位于咸阳东，为秦始皇为寻求长生不老之术模拟东海三神山而造。由于秦朝统治者横征暴敛，秦都咸阳先后被刘邦、项羽率领军队攻破，阿房宫等宫苑被彻底焚毁。

西汉初期，因长期战乱国力贫乏、民不聊生，朝廷实施休养生息政策，原有的秦朝囿苑大多废弃，土地让与百姓耕种，上林苑的一部分还保持有禁苑的功能，在长安城内外营造了长乐宫、未央宫、建章宫等皇家宫苑。除了建章宫、未央宫、长乐宫、上林苑外，长安附近还有很多宫苑。如汉文帝为皇子修建有思贤苑，汉武帝在甘泉山扩建甘泉宫，在御宿川建有御宿苑，在城南为其皇子建有情望苑，汉宣帝在神爵二年（前60）在咸宁南游乐原上营建有游乐苑。汉景帝之弟梁孝王刘武在其封地梁国睢阳大兴土木，营建了梁园，园内植被葱郁，殿宇华丽，是诸侯国中代表性的园林。

东汉以洛阳为都城，城内建有南宫与北宫两个宫区。汉明帝时期在广阳门外西南建有濯龙园，园内有池沼、织室，是皇后养蚕娱乐之处。城西承明门御道北侧建有西园，园内有精致的水景和万金堂、裸游馆。延熹二年（159），汉桓帝在城西建显阳苑。城西的上林苑、广成苑，是汉帝狩猎和农业生产的基地。城北建有光风园，是骑射演武场所。城东毂水边挖有鸿池，池边有渐台，是一处优美的水景苑林①。

① 刘庭风，刘庆惠，陈毅嘉：《秦汉园林史年表》，中国园林：2006年第3期，第87—91页。

三国两晋南北朝时期，几十个政权都在自己的都城里营造宫室和园林。重要的宫苑主要集中在邺城、洛阳和建康。在邺城宫城西侧，曹操建有一处宫苑——铜雀园，又称铜爵园，其西北角建有三台：铜雀台、金虎台和冰井台。铜雀园的主要功能是用于游乐。曹操是建安文人的代表，该园也用于建安文人的聚会作赋之处。另外，因为当时外部军事威胁还比较大，铜雀园兼有拱卫宫城、保护水源的功能。铜雀园南部建有武库，用于储藏兵器，冰井台上有冰室，储存冰块、粮食和物资，可用于战备。铜雀台与金虎台之间的长明沟与漳河相通，是邺城的用水来源。

魏文帝曹丕于黄初元年（220）称帝，以洛阳为都城，在原来洛阳北宫的基础上营造洛阳宫和囿苑。魏明帝曹叡即位后，击退蜀、吴的多次进攻，随着外部军事威胁逐渐消除，开始在洛阳大兴土木。除了宫殿建筑以外，在内廷以北营造皇家园林芳林苑。魏明帝下令在芳林苑西北角筑起土山，并发动大臣参与筑山工程，本人还亲自劳作作为表率，在土山上种树、植草，放生动物，并从长安运来铜驼等物，置于宫殿前。[①]齐王曹芳即位后，为避曹芳讳改名为华林园，利用原来东汉时期的园林遗址开凿了天渊池，堆筑景阳山。西晋时期，皇家御苑除了华林园以外，还有平乐苑、天泉池、东宫池、春王园等，但是规模较小。

北魏孝文帝迁都洛阳，派人到洛阳丈量宫室基址，并派人到南朝考察建康的城市建设情况与宫殿的布局和规模，在此基础上营造新都洛阳。洛阳成为中国皇都布局的典型代表。北魏宣武帝时期继续扩建洛阳城，并任命茹皓修复、扩建了华林园，将其作为主要的大内御苑。修复后的华林园位于宫城以北，保留了天渊池等湖山景色，增建了建筑物。宫城西部利用芳林苑基址的一部分改建成小型园林西游园，内部保留了魏文帝时期营造的凌云台。

建康（今南京）作为东吴、东晋、宋、齐、梁、陈六朝都城，一直都有皇家园林的建设。东吴君主孙皓好大喜功，于宝鼎二年（267）在太初宫东侧营造新宫殿昱明宫，在其西侧营造西苑。宫城内筑土为山，营建楼观，开凿河渠引玄武湖之水入宫城，奠定宫城御苑的水系格局。东吴被西晋灭亡后，建康未遭到大的破坏。晋室南迁后，基本沿用东吴的宫殿。晋成帝时期苏峻叛乱，叛军攻入建康，宫室遭到较大的破坏。叛乱平定后，晋成帝重造宫苑，仿照洛阳华林园，建成建康华林园，晋孝武帝时期增建了清暑殿。南朝宋文帝时期，修筑北堤，稳定玄武湖水位，在华林园内堆筑景阳山，由于工程繁杂、徭役沉重，导致民间怨声载道。南朝宋孝武帝时期，进一步扩建华林园，增建了连玉堂、灵曜殿、芳香堂、日观台等建筑，并通过水渠引玄武湖水至华林园天渊池与殿前诸沟，最终汇至宫城南侧护城河。南齐东昏侯时期，建康宫城发生大火，烧毁三千余间殿宇，华林园受损严重。火灾后东昏侯重建华林园，新建紫阁、神仙、玉寿等殿阁，亭台楼阁比灾前有过之而无不及。梁武帝时期再次大规模增建华林园，新建通天观和重云殿，殿前配置观测天象用的浑天仪。梁末侯景之乱，侯景引玄武湖水淹没宫城与御街，华林园再次遭到破坏。南朝陈建立后，重修华林园。陈武帝时期修建听讼殿，陈文帝时期修建临政殿，陈后主时期修建临春、结绮、望仙三阁。隋文帝灭陈时，尽毁华林园。

---

① 罗建伦：《华林园宴饮赋诗考》，吉林师范大学学报：2011 年 3 月，第 2 期，第 21—25 页。

隋唐时期是中国皇家园林发展的高潮阶段。开皇二年（582），隋文帝杨坚下诏在汉代长安故都的东南龙首原一带营建新的都城——大兴城，由宇文恺主持营建工程，在大兴城北营造了御苑——大兴苑。大兴苑北达渭河，西面包含长安故城，东至浐河，南与宫城接壤，面积广阔，是隋朝帝王休憩、游赏与射猎的禁苑。京城东南隅建有芙蓉园，林木葱郁，芙蓉花最为茂盛，隋文帝经常游兴到此。

隋炀帝即位后，以洛阳为东都，大兴宫室。大业元年（605），隋炀帝命人在洛阳营建新的宫室，同年五月在城西皂涧营造西苑。西苑规模宏大，宫室华丽，飞禽走兽、奇花异木不计其数，是仅次于西汉上林苑的大型皇家离宫御苑。除西苑以外，隋炀帝还在洛阳西营建了会通苑，在太原与汾阳分别营建晋阳宫和汾阳宫。大业十二年，隋炀帝又命人在毗陵郡东南营造离宫，内有曲水流觞和凉殿。

隋炀帝在营造洛阳宫苑的同时，征集上百万民夫，开凿通济渠，沟通了洛阳与黄河、淮河之间的水路。同年开凿邗沟，沟通了淮河至长江的水路。大业四年（608），再次征调百万民夫开凿永济渠，南通洛阳、黄河，北达涿郡。大业六年（610），又开凿江南运河，连通江都（今扬州）、京口（今镇江）与余杭（今杭州）、钱塘江。隋朝大运河的贯通，极大地促进了南北经济、文化的交流，促进了沿河城市的发展。江都以琼花著名，隋炀帝三次从洛阳沿运河赴江都游乐，并在江都营造长阜苑，苑内有九里宫、归雁宫、枫林宫、九华宫、光汾宫、松林宫、大雷宫、小雷宫、回流宫、春草宫，共十座宫殿群，隋末毁于战火。①

唐朝以隋大兴城为都城，改名为长安城，又称西京，对大兴城的建制、格局未作改动。武德元年（618），鉴于隋炀帝大兴土木、横征暴敛导致民怨四起的教训，唐高祖下诏废除隋炀帝的游兴离宫。②唐代长安城有三处大内御苑，包括禁苑、西内苑和东内苑，合称“三苑”。禁苑即原隋朝时期的大兴苑，具有军事防卫、游乐、生产等功能。禁苑属司农寺下辖的苑，总监管辖，设置东、西、南、北四监具体掌管苑务。

太极宫即隋代的大兴宫，又称为西内，是唐高祖李渊、唐太宗李世民日常居住和处理朝政之处。太极宫延嘉殿以北为西内苑，苑内筑山，挖有四处池沼，沿池建有亭阁楼榭，为帝王日常游憩场所。东内苑即大明宫，始建于贞观八年（634），原名永安宫，是唐太宗准备给太上皇李渊避暑居住用的宫苑。贞观九年，永安宫改称为大明宫，但因李渊去世而停止了营造工程。龙朔二年（662），唐高宗李治因身体欠佳，重新营建大明宫，作为疗养、休憩和游乐之处。龙朔三年，大明宫建成，成为一处与太极宫地位相等的独立宫苑。③天祐元年（904），唐昭宗被朱元忠所迫迁都洛阳，大明宫被拆毁。

皇城东南的隆庆坊建有另一处皇家园林——兴庆宫。兴庆宫又称为南内，武则天时期因为王氏家中井水溢出，形成面积数十顷的隆庆池，池北原为唐玄宗

---

① 周维权：《中国古典园林史》，北京：清华大学出版社，1999年第2版，第140页。
② 冈大路：《中国宫苑园林考》，北京：学苑出版社，2008年，第58页。
③ 赵喜惠，杨希义：《唐大明宫兴建原因初探》，兰州学刊：2011年第5期，第213—215页。

李隆基做太子时期的府邸。唐玄宗即位后，将隆庆坊改名为兴庆坊，开元二年（714）开始以原府邸为基础营建兴庆宫，其范围包括兴庆坊与北侧永嘉坊的一半，并将隆庆池改名为龙池，纳入兴庆宫内。兴庆宫成为唐玄宗李隆基的游乐宫苑。

唐代洛阳会通苑改称为东都苑，武德初年（618）又改称为芳华苑，武则天时期改称为神都苑。显庆五年（660），唐高宗下诏命司农卿韦机管理东都宫苑事务。因隋代所建殿宇均已损坏，高宗命韦机修葺宫苑，并新建高山宫与宿羽宫。上元年间，高宗下令在洛水边营建上阳宫，引洛水入苑，殿宇华丽密集，高宗在此居住和处理政务。

长安城东南杜陵原西北有曲江，水流曲折，烟波浩渺，曲江流域南部有峡谷，北部峰峦起伏，西北平坦，森林茂盛，景色瑰丽，自古为帝王游幸之地。秦汉帝王在此建有离宫，汉武帝、汉宣帝常至曲江游赏，江北高地因此称为乐游原。隋唐长安城将曲江北半部括在城中，这部分仍旧称为曲江，成为公共化的园林。曲江南半部划为禁苑，因水际多种芙蓉，称为芙蓉池，禁苑称为芙蓉苑。隋唐时期开凿黄渠，引秦岭之水注入曲江，以保证水量。[①]

隋唐时期建立了中央集权统治，经济发展，社会富足，有较多的行宫与离宫御苑设置。隋唐的统治中心为长安和洛阳，行宫与离宫主要设置在关中一带距离都城不远处。根据功能划分，可分为用于夏季避暑的避暑宫苑，秋冬季温泉疗养的温泉宫苑，以及一般性行宫御苑。

长安、洛阳附近避暑宫苑共计19处。隋代在京兆郡一带营造了仙都宫、福阳宫、甘泉宫、仙游宫、宜寿宫等避暑宫苑。开皇十三年（593），隋文帝在麟游县天台山营建了仁寿宫，作为夏季避暑离宫。贞观五年（631），唐太宗诏命修葺仁寿宫，改称为九成宫，成为唐太宗、高宗和玄宗经常临幸的避暑宫。武德七年（624），唐高祖在宜君县北凤凰谷营建仁智宫，唐太宗将其更名为玉华宫。武德八年，唐高祖在长安县南终南山太和谷营建太和宫，贞观二十一年（647），唐太宗嫌大内御苑闷热，命阎立德重修太和宫作为避暑离宫，改其名为翠微宫。贞观十八年（644），唐太宗在临汝县建襄城宫。仪凤二年（677），唐高宗在渑池县建紫桂宫，永淳元年（682），在蓝田县建万全宫。

温泉宫约为3处。凤翔府眉县有凤泉汤，可医病，隋代在此营建了凤泉宫。临潼县骊山以温泉著称，山景秀美，秦汉时期帝王在此修建骊山汤宫室。开皇三年（583），隋文帝在此营建宫室，种植松柏。贞观十八年（644），唐太宗命姜行本与阎立德在此营建骊山宫殿——汤泉宫，作为皇家温泉疗养场所。咸亨二年（671）唐高宗更其名为温泉宫。天宝六年（747）唐玄宗扩建温泉宫，增建城池，更名为华清宫。

为便于在长安与洛阳之间来往，隋唐时期在两京道上营建了步寿宫、太华宫、崇业宫等共计11处行宫。唐代增建了兰峰宫、甘泉宫、望贤宫等，行宫宫苑总量达到18处。除此之外，隋唐帝王还在风景秀丽、军事价值重要之处营建行宫

---

① 吴永江：《唐代公共园林曲江》，文博：2000年第2期，第31—35页。

和离宫宫苑，如隋代在同州营造的长春宫和兴德宫，地势险要，扼交通要道，具有战略地位。武德元年（618），唐高祖在武功县故宅营建了武功宫，后改为庆善宫，内有披香殿，装饰华丽。武德五年（622），唐高祖在长安城西营建宏义宫，以山林风景著称。①

两宋时期，是中国经济与文化高度发展的时期，筑山理水和建筑技艺高超，出现了园林营造的高潮。宋朝皇室设置应奉造作局，专事搜集奇花异石和宫苑营造事宜，并在东京、临安营建了大量皇家园林。宋朝的皇家园林包括大内御苑和行宫御苑两种类型。东京的大内御苑有后苑、延福宫和艮岳，行宫御苑包括琼林苑、玉津园、宜春苑、金明池、瑞圣园、牧苑等。

北宋初年，宋皇室将后周时期的苑林加以改造，形成新的御苑。大内后苑为利用宫城西北后周的御苑改造而成的。南熏门外后周的御苑被改造成为玉津园，园内果木繁盛，饲养有珍禽异兽。乾德二年（964）在外城西营造的琼林苑，内设球场，筑有假山，栽种大量的果木花卉，是皇家的花苑。宋太宗三弟秦王别墅园在新宋门外建有苑林，后收归大内，改为宜春苑，栽种大量花卉，成为皇家花圃。宋太宗在城西还建有芳林园，内有水心亭，常举行臣僚竞射活动。

宋徽宗信奉道教，喜好书法、绘画，他即位后大肆营建宫苑。琼林苑旁边的金明池是后周世宗和宋太宗操演水军之处，政和年间，宋徽宗在池边营建殿宇，增加绿化，形成金明池御苑，常在此举办水嬉。政和三年（1113），宋徽宗诏命童贯、杨戬、贾详、何䜣、蓝从熙五宦官在宫城北门外营建延福宫，殿宇林立，花木繁盛，奢华无比。政和五年，在延福宫东侧、宫城东北营建上清宝箓宫，因听信道士之言，在京城东北角筑山可多生男丁，于是命宦官梁师成筑万岁山，并凿池、引水，广营建筑，栽植奇花异草，命朱勔设置花石纲从江南搜集奇石，于宣和四年（1122）建成艮岳。靖康元年（1126），金兵围攻东京，因冬季寒冷、城内无柴，百姓涌入艮岳，拆毁建筑作为取暖的木料，艮岳遭到彻底的破坏。②

宋高宗南渡后，以临安为都城，在宫城北半部凤凰山建有后苑，苑内花木繁盛，是南宋唯一的大内御苑。绍兴三十二年（1162），宋高宗将临安城东秦桧府邸改建为德寿宫，宫苑内凿池筑山、树木葱郁，有四个不同特色的景区。德寿宫后圃名为富景园，内有孔雀园、茉莉园、百花池，是皇家养殖禽鸟的花圃。西湖边是行宫御苑比较集中的地方。如西湖北葛岭南坡原建有张氏别墅园，绍兴年间收归官府，成为宋高宗喜好游兴的行宫御苑。绍兴十四年（1144），宋高宗命太傅韦渊在孤山营建延祥观，迁走原有的孤山寺院，在观内建有北极四圣殿，并辟有延祥园，园内有湖山之景，并建有清远堂、蓬莱阁、香月亭等，淳祐十二年（1252）在园内增建太乙宫和凉堂。宋孝宗赵昚为了奉养高宗，在清波门外西湖东岸建有聚景园，多种柳树，并为此拆除了兴福寺、法喜寺等九座寺院。绍兴十七年（1147）在洋潘桥附近营造玉津园，为皇家宴射之处。开庆元年（1259）在钱湖门外建屏山园，可观赏南屏山和湖景，也是宋理宗登船游湖之处。宋理宗将湖北岸刘光世的花园纳入御苑，更名为玉

---

① 吴宏岐：《隋唐帝王行宫的地域分布》，中国历史地理论丛：1994 年第 2 期，第 71—85 页。
②［宋］张淏：《艮岳记》，赵雪倩编著：《中国历代园林图文精选》（第二辑），上海：同济大学出版社，2005 年，第 174 页。

壶园，苑内密植杜鹃，万紫千红。[①]

金国灭掉北宋，以燕京为中都。中都城内建有芳苑、琼林苑、东苑、同乐园、广乐园、南园、北苑、熙春园等皇家园林。中都南郊有建春宫，东郊有长春宫，西北郊有钓鱼台行宫，东北郊有太宁宫。元朝以太宁宫为基础营造大都，新建、改建了数处御苑。最大的一处大内御苑以太宁宫原有的山水格局为基底，开拓疏浚水体，形成太液池，在太液池中修葺、扩建琼华岛、圆台等岛屿。

明太祖朱元璋以应天府（南京）为都城，建立明朝。明初定都之后，营造了城墙和宫殿，唯一大规模的皇家园林为孝陵。孝陵是陵寝园林，不具备一般性皇家园林的休闲、观景、娱乐功能，主要体现了帝王陵墓的功能特征。[②]明代的皇家园林主要集中在北京。

明成祖朱棣迁都北京后，营建了一批皇家园林。宫城（紫禁城）内宫殿密集，御苑有两处。一处是位于坤宁宫以北的御花园，一处是位于慈宁宫的慈宁宫花园，形态都较为规整。紫禁城以外、皇城以内的御苑包括西苑、兔园、东苑、南城和万岁山。西苑是明代皇家园林中规模最大的一处，以元代太液池为基础改建而成。天顺年间（1457—1464），扩展了太液池水面，万岁山改称为琼华岛，岛北增加了亭台楼榭，加强了观赏、休闲和娱乐功能。同时，将小岛屿圆坻与东岸相连接，营造了砖砌的团城。在西苑以西的兔园中，从嘉靖至万历年间，新建了大明殿、清虚殿、鉴戒亭、迎仁亭、福峦坊和禄渚坊等建筑，形成完整的御苑。东苑位于皇城东南，又称为南内，为皇帝在端午节观赏击球和射柳游戏之处，后因东苑荒废，明皇室于东苑境内修建小南城，供明英宗居住。明英宗恢复帝位后，对其进行扩建，成为完整的宫廷御苑——南城。万岁山由永乐年间开挖紫禁城护城河时挖出的土方堆砌而成，其位置在皇城中轴线上原元代大内遗址上，后来在山北修建寿皇殿等宫殿群，既可观景，又用于骑射活动。北京城郊外还修建了两处行宫御苑：南苑和上林苑。南苑位于城南，元代称其为“飞放泊”的地方。永乐年间在此绕以宫墙、营建殿宇、疏通水系，成为具有演武、打猎功能的御苑。上林苑位于左安门外东郊，在原先蔬菜果木苗圃基础上营造了殿宇亭台，成为行宫御苑。[③]

清入关后，由于民族矛盾突出、政局不稳、统治基础薄弱，与明朝的军事力量还在进行战争，故一开始并未在北京建设很多的园林与宫殿。直到康熙年间，政权稳定，海内一统，财力雄厚，生产恢复，社会比较安定，才开始了大规模的皇家园林的建设。清代内务府设置有样式房，专事宫殿、皇家园林的设计与营造，建筑规范更加明确。这些因素均有力地促进了清代皇家园林的营建。

清朝入关后最早的宫苑改建活动始于顺治八年（1651）。因清朝贵族的宗教信仰，原来紫禁城西苑琼华岛的殿宇被改建为永安寺，并在岛上最高处建了小白塔。紫禁城内明代所建的其他园林大多沦为佛寺、厂库。康熙时期，对西苑进行了较多的改建与增建。此时，西苑太液池已经有了北海、中海、南海的

---

① 姚毓璆，郑祺生：《南宋临安园林》，中国园林：1993 年第 2 期，第 18—21 页。
② 南京孝陵博物馆编印：《明孝陵》，香港：香港国际出版社，2002 年，第 4 页。
③ 周维权：《中国古典园林史》，北京：清华大学出版社，1999 年第 2 版，第 266—274 页。

称呼。康熙在太液池西北原清馥殿遗址处建造了宏仁寺，东岸崇智殿改建为万善殿。康熙在西苑南海增建了很多宫殿，并修筑围墙使其成为完整的皇家宫苑区，北岸新建了勤政殿，原来的岛屿南台改称为瀛台，并在岛上新建了规模较大的宫殿建筑群，作为其日常处理政务和接见臣僚的地方。东苑南城在明末毁于兵祸，其一部分在顺治时期作为王府用地，后来被改建为寺庙。皇家档案库皇史宬与东苑的秀岩山被保留下来。

由于北京气候炎热，来自东北的清朝贵族不适应北京的气候，且女真人传统上注重骑射，不愿意常年待在深宫中，顺治时期满清皇室已经有了在自然山野之地建造避暑山庄与行宫御苑的动议。北京西北郊有香山与玉泉山，峰峦叠嶂，植被丰富，东南有河湖平原，多泉水与湖泊，历来为京城贵族游览之地，曾建有行宫与一批寺庙。康熙时期由于政治局面安定，北京西北郊风光优美、气候宜人，与紫禁城交通也比较便利，被作为营造行宫御苑与离宫御苑的首选之地。康熙十六年（1677）在香山建造了香山行宫，康熙十九年（1680）在玉泉山建造澄心园，后改名为静明园，这两处行宫御苑均作为康熙游览西郊的临时驻跸之处。康熙二十三年（1684），在西北郊的河湖平原地带原清华园废址上，营造了明清以来第一座离宫御苑——畅春园。畅春园吸收了康熙南巡时所见的江南园林风格，还聘请了江南叠山大师张然主持园内筑山工程，康熙二十六年（1687）建成之后成为皇帝处理政务、接见臣僚和常年居住的皇家宫苑。

清王室注重骑射技艺，入关后为保证其皇族与军队的战斗力和吃苦耐劳的精神，常进行狩猎阅军活动。清王室与蒙古贵族关系很好，对蒙古各部落一直采取拉拢怀柔政策，此举有助于维护民族团结和巩固北方边防。从训练军队和巩固与蒙古部落的关系角度出发，清廷在塞外设置木兰围场，康熙二十二年（1683）开始定期举行木兰围猎活动，在狩猎活动中提升满清皇族与军队的军事技能，同时召见、宴请蒙古部落王公贵族，巡视防务，体察民情。木兰围场距离京城350千米左右，为解决人员的吃、住要求，清廷在沿路设置了一系列的行宫。木兰围猎随行人员日益增多，活动也较为丰富，花费时日较长，为了方便在围猎时候兼顾处理政务，康熙四十二年（1703），康熙选择在河北承德的山水形胜之地营造规模巨大、技艺精美的避暑山庄，这是清朝第二座离宫御苑。除此之外，康熙在位时候还在怀柔县营造了怀柔行宫，在昌平县小汤山营建了汤山行宫，在密云县营建了刘家营行宫、要亭行宫和罗家桥行宫等。

康熙曾赐予其第四个儿子胤禛一座赐园，位于畅春园北侧。康熙去世后，胤禛继位，为雍正皇帝。雍正将该赐园大肆扩建，命名为圆明园，这是清朝第三座离宫御苑。圆明园为中国园林集大成者，雍正在此长期居住，处理朝政，接见臣僚与使节，举行朝会和仪式大典，实际上成为清朝第二个政治中心。圆明园布局水系萦绕、丘陵起伏，如此大规模的园林营造导致原有水源供水不足，而北京城日益增加的人口也增加了用水的压力。为解决用水问题，清廷将玉泉山水系东引与万泉庄水系汇合，经圆明园内部水系流入清河，为后期的园林营造奠定了基础。

乾隆时期，经济发展，政治一统，中国的国力发展到了新的阶段。乾隆具有很高的文化素养，喜欢游览风景、作诗赋词，且精于书画。乾隆仿效康熙，数次到江南巡视，对江南风土人情、山川环境、园林寺庙等有深刻的印象，回京后兴建了新的园林。这些园林投入财力巨大，且吸收了江南园林艺术的精华。新建园林主要是行宫御苑与离宫御苑。如扩建畅春园，对圆明园进行了改建与增建，增加了若干景点，形成“圆明园四十景”，并在其东部新建了长春园。乾隆三年（1738）扩建北京南苑，增设宫门，作为狩猎和阅兵的行宫。乾隆十年（1745）扩建香山行宫，后改名为静宜园。乾隆十二年（1747）在长河南段建成乐善园。乾隆十五年（1750）扩建静明园，同年在北京西北郊依托翁山与西湖营造清漪园，并将翁山改称万寿山，西湖改称昆明湖。至此，在北京西北郊形成了所谓“三山五园”的皇家园林，即玉泉山静明园、万寿山清漪园、香山静宜园，以及圆明园和畅春园。乾隆十六年扩建避暑山庄，形成所谓“乾隆三十六景”，在山庄外围建造外八庙。

结合皇家园林的建设，乾隆对北京西北郊的水系进行了大规模的整治。由于原先玉泉山水系供给园林较多，削弱了依靠玉泉山水源供水的通惠河运河漕运交通能力。乾隆的整治主要着眼于开发西山、香山的水源，将西山、香山的水资源通过石槽引入昆明湖，并结合清漪园的营建疏浚昆明湖，使其具备了水库功能。此后又陆续修建高水湖、养水湖作为昆明湖的配套水库，同时开挖泄水通道，保证农田村庄不受暴雨洪水的侵害。

乾隆时期对大内御苑进行了一些改造。乾隆做皇子时住在紫禁城内廷乾西二所，即位后，将乾西二所升级改建为重华宫，乾西头所改为漱芳斋和戏台，原来乾西三所改建为重华宫厨房，其西侧的乾西四、西五所改建为建福宫，并营造建福宫花园。乾隆为其养老而在紫禁城东北部建造宁寿宫，在宁寿宫后寝区西路营造了宁寿宫花园，该园林又称为乾隆花园。乾隆在景山新建造了几十间廊庑，在山顶建造了亭子，将皇寿殿移到景山中轴线上，并加以扩建。西苑内增建了大量建筑，总体景观有了很人改变。兔园已经不存在，原有地块沦为民宅。

清代在京城之外营造了大量的行宫御苑。康熙、乾隆、嘉庆在位期间，屡次出京巡幸。自唐代以来，江南地区由于物产丰富、人口稠密，且自然条件较好，成为支撑国家财政的重要基地。康熙、乾隆均多次南巡，目的在于视察河工水利、体察风土人情、选拔人才、督察吏治、笼络地方，从而加强清廷对江南地区的控制。山西五台山是著名的佛教圣地，乾隆、嘉庆曾多次西巡至五台山。清廷在南巡、西巡、东巡沿途营造了多处行宫，这些行宫往往附带有园林，成为行宫御苑。

道光年间，因为国力衰竭、财力不足，大部分行宫御苑与离宫御苑都停止运营，较大的园林只有避暑山庄与圆明园还在维持。第二次鸦片战争时期，英法联军直逼北京，咸丰皇帝逃往热河避暑山庄。英法联军占领北京后，对北京西北郊的皇家园林进行了大肆掠夺与破坏，将圆明园、清漪园、静明园等宫苑烧毁。同治年间，清廷对圆明园进行修复，后因财力问题停工。光绪年间重修清漪园，将其改名为颐和园，作为慈禧太后颐养天年的场所。

1900年八国联军入侵北京，再次破坏了北京的皇家宫苑，圆明园、颐和园、西苑遭到严重损坏。《辛丑条约》签订后，八国联军退出北京，慈禧下令在此修复颐和园和西苑南海，其他皇家园林基本废弃。

第二章

皇家园林图像概述

自秦汉起，中国历代王朝均有皇家园林的营造。对于清代之前皇家园林的图像，本卷收录有北宋金明池图像一幅，以及清代《关中胜迹图志》中收录的汉唐宫苑插图六幅。

金明池是北宋都城汴京西的皇家园林，以水景取胜。本卷中的《金明池夺标图》是该园林仅存之图像。图中以界画手法详细刻画了金明池的环境、建筑和举行的夺标水嬉活动。作者张择端（生卒年不详，字正道），曾任职北宋翰林图画院待诏，擅长界画，其传世作品为《清明上河图》。

《关中胜迹图志》为清代乾隆年间陕西巡抚毕沅（1730—1797，字缃蘅、弇山，号秋帆）编纂，于乾隆四十一年（1776）在热河行宫进呈皇帝，后被著录入《四库全书》。该图志共有三十卷，以州府分篇，各篇又分地理、名山、大川、古迹四目，是乾隆时期陕西地区的地理资料集。图志中有版刻插图数十幅，描绘了陕西的山川名胜和宫城寺庙的景观风貌，其中以汉唐皇家宫苑为主题的计有《汉长乐未央宫图》《汉建章宫图》《唐西内图》《唐东内图》《唐南内图》和《唐华清宫图》六幅图像，本卷全录。①

清代康熙至乾隆、嘉庆时期是皇家园林图像大发展的时期。清廷设置了如意馆、武英殿等专事生产宫廷绘画和版画的机构，广招人才，生产了一大批宫廷园林图像。

清代最早的宫廷园林图像当属以避暑山庄为主题的宫廷图像作品。避暑山庄建成后，康熙诏命内阁侍讲学士沈嵛（生卒年不详，字玉峰，正黄旗人）绘图，由内务府刊印成上下两册的《避暑山庄图咏》，并镌刻了木版画《御制避暑山庄三十六景图》。此后又由意大利传教士马里奥·里帕镌刻了铜版画，印制成《御制避暑山庄三十六景诗图》。②康熙至乾隆时期，宫廷画家王原祁（1642—1715，字茂京，号麓台）、张若霭（1713—1746，字晴岚）、张宗苍（1686—1756，字默存）、方琮（生卒年不详，字黄山，号石颠，曾学于张宗苍）、钱维城（1720—1772，字幼安、宗磐，号纫庵、稼轩）、冷枚（约1670—1742，字吉臣，别号金门画史）等绘制了众多的避暑山庄图像。③

①［清］毕沅撰，张沛校点：《关中胜迹图志》，西安：三秦出版社，2004年，第1—3页。
②陈薇：《避暑山庄三十六景诗图》，北京：中国建筑工业出版社，2009年。
③《避暑山庄七十二景》编委会：《避暑山庄七十二景》，北京：地质出版社，1993年。

乾隆时期出现了一批以北京西北郊“三山五园”为主题的宫廷园林图像。圆明园原为雍正作为皇子时候的赐园，其即位后对圆明园大肆扩建。乾隆时期继续营造圆明园，并选择其中代表性的四十个景点，分别赋诗。乾隆元年（1736），乾隆命冷枚绘制圆明园景图，后来改由唐岱（1673—1752，字毓东，号静岩，曾学于焦秉贞、王原祁）[①]、沈源（生卒年不详）作图，至乾隆九年完成四十景图，配以雍正书《圆明园记》和乾隆书《圆明园后记》，以及汪由敦所书的乾隆御制《四十景题诗》，合成《圆明园四十景图咏》。全册材料为绢本彩绘，采用工笔画法绘图，对圆明园的格局、建筑、植被、水体、筑山置石等要素表现得非常细致。全册曾收藏于圆明园奉三无私殿。

清廷刊刻有多幅圆明园版画图像。乾隆十年（1745），乾隆为圆明园四十景分别撰诗，由孙祐（生卒年不详）、沈源绘图，武英殿刊刻了《御制圆明园四十景诗图》，其中图像均为木刻版画插图，每景一图，共计四十图。[②]

乾隆四十六年（1781），圆明园东北部的长春园西洋楼景区完工，如意馆画师伊兰泰等人奉诏开始绘制西洋楼图画底稿，五年后由内务府造匠处将其镌刻刊印成铜版画，总计二十幅，称为《西洋楼铜版图》。《西洋楼铜版图》全部为西洋楼建筑立面透视图，有明显的透视法影响，对建筑细部刻画入微。二十块铜板和所刻纸图皆藏于圆明园和长春园殿中。[③]

乾隆年间，以静宜园为主题，翰林画家张若澄（生卒年不详，字镜壑，号默耕）绘制的《静宜园二十八景图》是一幅长卷式园林图像。全图卷以全景式构图，将静宜园主要景点收入其中，笔法兼工带写，有一定的水墨写意画趣味。另一位翰林画家董邦达绘有《静宜园二十八景图》，以立轴画面描绘了静宜园景观。董邦达还绘制有水墨画《西苑千尺雪图》，描绘了皇城内西苑千尺雪的景观风貌。

清代前期与中期，除了京城内外的皇家园林以外，还出现了大量以京外行宫御苑为主要内容的图像。静寄山庄又称盘山行宫，是乾隆祭祖途中的驻跸和游览之所。乾隆三十五年（1770）刊刻的《钦定盘山志》中收录有十五幅木刻版画插图，对盘山行宫的风景和建筑做了细致的描绘，本卷全录。

---

① 吴敢木主编：《中国古代画家辞典》，杭州：浙江人民出版社，2005 年，第 646 页。
② 孟白等主编：《中国古典风景图汇》（第一册），北京：学苑出版社，2000 年，第 4 页。
③ 圆明园管理处编：《圆明园百景图志》，北京：中国大百科全书出版社，2010 年，第 383 页。

乾隆四十六年（1781）武英殿刊刻的《钦定热河志》，由和珅（1750—1799，字致斋，满洲正红旗人）、梁国治编纂，共一百二十卷，全书分天章、巡典、徕远、行宫、围场、疆域、建置沿革、晷度、水、山、学校、藩卫、寺庙、文秩、兵防、职官题名、宦迹、人物、食货、物产、古迹、故事、外纪、艺文共二十四门。书中木刻插图极为丰富，不仅有避暑山庄总图和七十二景分图，还包括承德的寺庙、城隍、行宫等图像。本卷收录其中的五十四幅图像，以及《喀喇河屯行宫》《王家营行宫》《常山峪行宫》等十三幅行宫图像。

乾隆在位期间，曾模仿其祖康熙，于乾隆十六年（1751）、二十二年（1757）、二十七年（1762）、三十年（1765）、四十五年（1780）、四十九年（1784）六次南巡江南。乾隆三十五年，两江总督高晋主持编纂了《南巡盛典》，详细记载了乾隆前四次南巡山东、江浙的情况。全书共分一百二十卷，分为《恩纶》《天章》《蠲除》《河防》《海塘》《祀典》《褒赏》《名胜》等篇，附有大量的木刻版画插图。其中《名胜》篇由画家上官周等主持绘图，描绘了直隶、山东、江苏、浙江南巡沿线的名山大川、园林名胜、寺庙道观和行宫别墅。其中行宫图像共计二十七幅，绘制细腻精微，真实地表现了南巡行宫建筑与园林的格局与细节。本卷收录其中二十幅图像。

山西五台山，因夏季清凉，又名清凉山，不仅是避暑胜地，而且是佛教圣地，乾隆、嘉庆曾巡幸五台山并建有行宫设施。嘉庆十六年（1811），嘉庆帝出京西巡，远至五台山。回京后董诰等奉旨在《钦定清凉山志》的基础上编修《西巡盛典》，次年由武英殿刊行。该书共计二十卷，部分章节附有版刻图绘，记录了嘉庆西巡沿途的建筑、园林和名胜景观，其中以西巡行宫为主题的版刻图像有十二幅。[①]本卷收录其中十幅图像。

保定莲花池行宫建于乾隆年间，是西巡驻跸之所。直隶总督方观承主持修葺了园林建筑，以莲花池主要景点绘图并刊刻版画十二幅，形成《莲池行宫十二景图咏》（原名《保定名胜图咏》），本卷收录其中十一幅。同治年间，莲池书院院长黄彭年（字子寿）夫人刘氏以纸本工笔设色画重绘莲花池景象，光绪年间出现绢本设色彩画《古莲花池全景图》，本卷全录。

---

① 翁连溪编著：《清代宫廷版画》，北京：文物出版社，2001 年，第 15 页。

《唐土名胜图会》刊刻于嘉庆七年（1802），由冈田玉山（日本画师，生卒年不详）等编绘，并在日本出版，是以京城和直隶地区的风土人情、山川、建筑、囿苑、寺观为主题内容的版画文集。全书共分六卷，第一卷为《大内紫禁城》，第二卷为《皇城》，第三卷为《内城》，第四卷为《外城、囿苑》，第五卷为《顺天府州县》，第六卷为《直隶州县》。书中主要依据《宸垣识略》《万寿盛典》《南巡盛典》《礼器图式》《灵台仪象志》等内容编绘而成，图像刻绘手法细腻精致，细节表现一丝不苟，在一定程度上反映了清朝中期京师与直隶地区的园林名胜风貌。[①]其中，反映了京城与直隶地区皇家园林营造的有《大内总图》《午门朝参之图》《午门内九重殿门之图》《御花园》《西花园》《慈宁宫》《寿安宫之图》《景山》《太液池》和《蕉园盂兰会》。

道光年间，内务府旗人完颜氏麟庆（1791—1846，字伯余、振祥，号见亭）编纂有《鸿雪因缘图记》，该书于道光二十七年（1847）刊刻。麟庆家族为清廷内务府世家，麟庆自小随其父和祖父走南闯北，其出仕后足迹遍布大江南北，见闻极其丰富。《鸿雪因缘图记》主要是记录其身世和经历，全书分三集，每集八十幅插图，由汪春泉等人绘图。其中涉及皇家园林景观的插图有《午门释褐》《金鳌归里》《昆明望春》三图。

---

①［日］冈田玉山等编绘：《唐土名胜图会》，北京：北京古籍出版社，1985年。

第三章

内苑像 大御图

图 3-1-1
[清]《关中胜迹图志》
——《汉长乐未央宫图》

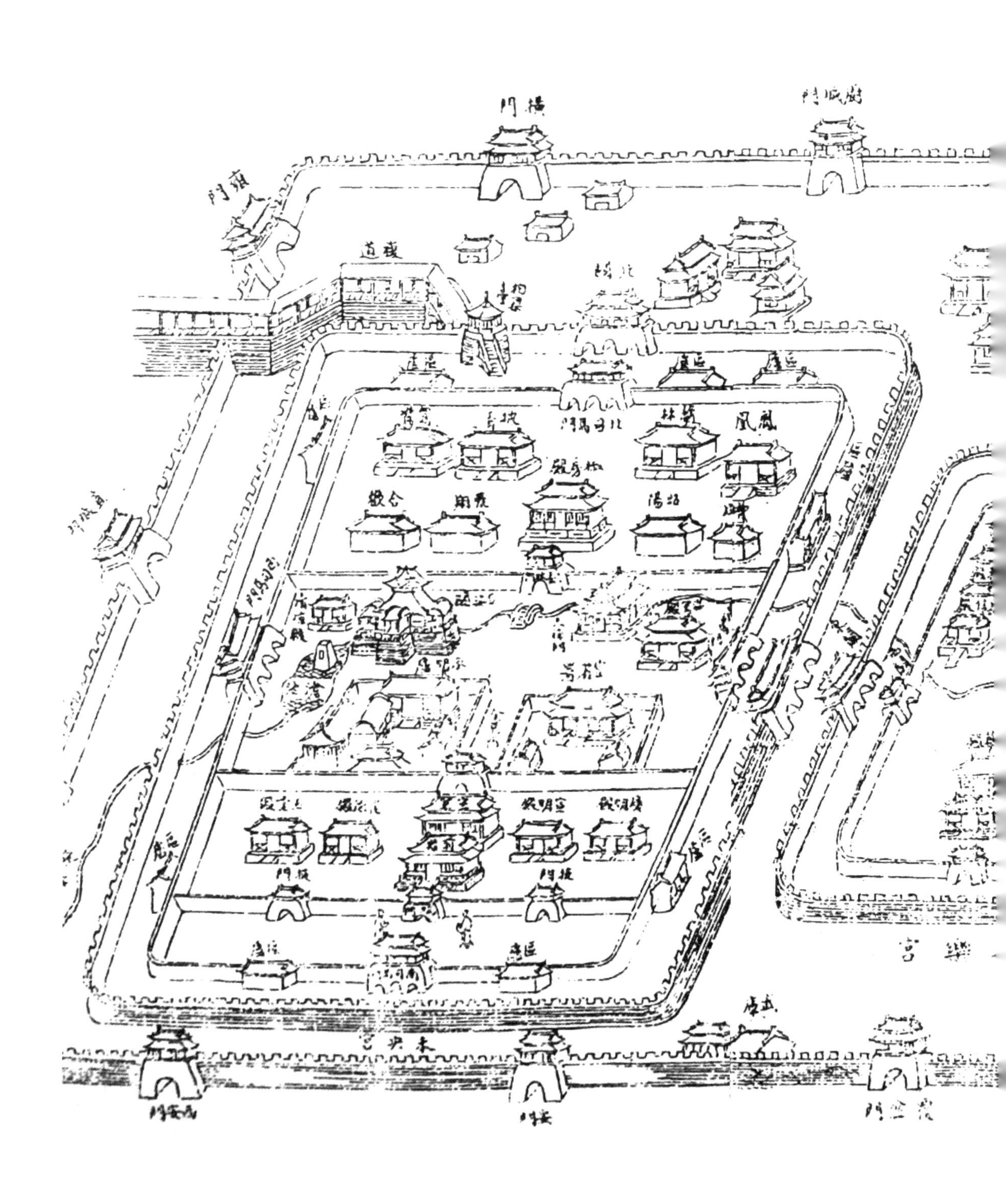

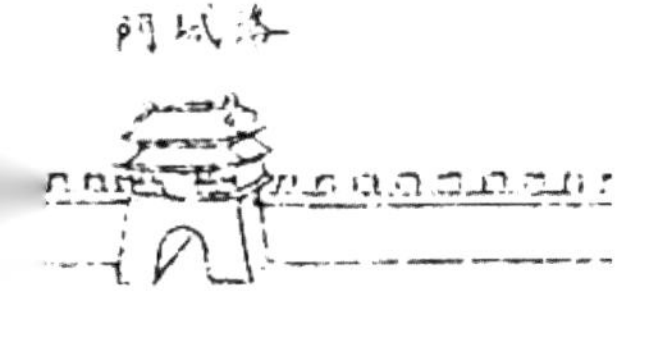

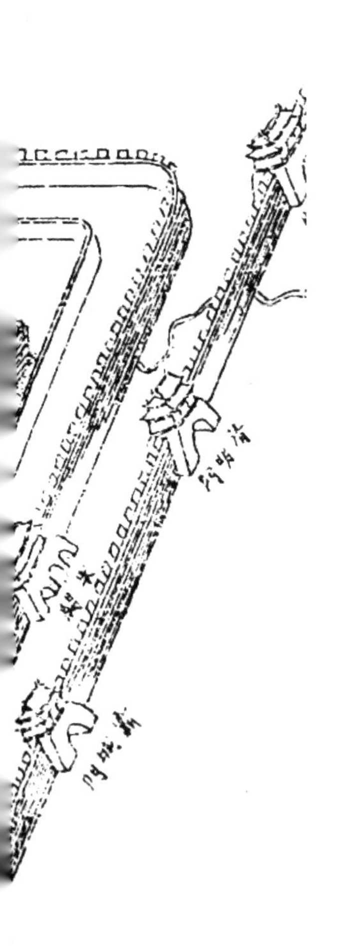

第一节　汉长乐宫与未央宫图像

长乐宫与未央宫均为西汉王朝早期的宫区，位于长安。长乐宫位于长安城东南，汉高祖时期以秦朝兴乐宫为基础营建，主要用于太后居所。未央宫位于长乐宫西侧，是朝会的主要场所。

清代乾隆年间毕沅主持编纂的《关中胜迹图志》卷四中有《汉长乐未央宫图》，呈现了长乐宫与未央宫的建筑布局。图中，未央宫所占面积较大。未央宫的朝会正殿称为前殿，其后为宣室，均位于未央宫中轴线上。其西为昆德殿、玉堂殿，其东为宣明殿、广明殿。前殿南面为端门，端门两侧各有一座掖门。端门南侧为南司马门，其两侧各有一座区庐。

宣室北侧为金马门，金马门与长秋门之间的宫区内有宦者署、承明庐、温室殿、天禄阁、石渠阁、清凉殿，清凉殿南侧有沧池，池边有高台，池水与横穿宫区的水渠相通，并连通宫墙外侧的飞渠。长秋门以北的大殿为椒房殿，其西有披香殿、飞翔殿等，东有昭阳殿、兰林殿等，再往北为北司马门。北司马门正对北阙，北阙西侧有柏梁台，台后复道曲折，通向城外。

长乐宫面积较小，四面宫墙围合，宫区内的主殿为临华殿。临华殿是长乐宫主要的议事场所和汉帝起居之处，其南侧有前殿，其北侧水渠蜿蜒如龙，渠上有石板桥通向大厦殿。大厦殿东南临池，池沼有酒池和鱼池之分，池中可荡舟，池北筑台，是歌舞与宴乐之处。[1]大厦殿西侧自南向北依次为长信殿、长秋殿、永寿殿、永宁殿（图3-1-1）。

---

① 刘振东，张建锋：《西汉长乐宫遗址的发现与初步研究》，考古：2006年第10期，第22—29页。

图 3-2-1
[清]《关中胜迹图志》
——《汉建章宫图》

第二节　汉建章宫图像

建章宫为汉武帝时期营造的宫殿。汉武帝时期，社会经济有了很大发展，西汉国力空前强盛，政治稳定，儒家、道家思想盛行并成为治国的根本。汉武帝本身喜欢营建宫苑，皇家园林的营造出现了高潮。太初元年（前104），因未央宫内柏梁台失火，汉武帝听信术士建言，在未央宫以西、长安门外营造建章宫。

《关中胜迹图志》卷四中有《汉建章宫图》。图中显示，建章宫宫殿集群规模宏大，东侧有复道与长安城内宫殿相通。东南侧的凰阙形态高大，似为宫区正主入口。与凰阙相对的为神明台，两者之间的璧门是建章宫中心南北轴线的南端点。璧门以北为圆阙，圆阙两侧分别为别风阙和井干楼。圆阙以北为嶕峣阙，入内迎面一座宏伟的玉堂矗立于高台基上，其东西两侧分别为承光殿、鼓簧宫、承华殿和奇宝殿。主殿建章宫位于玉堂以北，两侧有枍诣殿和奇华殿，建章宫北侧有天梁宫，建于高台基上，其后侧廊庑向东西延伸，将建章宫诸殿宇重重围合。

建章宫西北部挖掘有大型池沼——太液池，池中堆砌瀛洲山、蓬莱山、方丈山三座岛屿，形成“一池三山”的东海仙山格局，池边建有高大的殿阁——凉风台，其对岸建有渐台，方丈山边建有曝衣阁，蓬莱山边有鼓簧台，两侧有复道，分别通向池中桥和东南侧的复道。太液池水在鼓簧台下变宽，向南转成溪流，曲折流向宫区西南侧的唐中池，池边筑有假山，溪边建有唐中殿，植被葱郁，柳树婆娑（图3-2-1）。

第三节　唐西内图像

唐西内是唐都城长安内的宫城，位于长安城中轴线北端，是唐高祖李渊、唐太宗李世民日常居住和处理朝政之处。《关中胜迹图志》卷五中有《唐西内图》，表现了唐西内的格局。

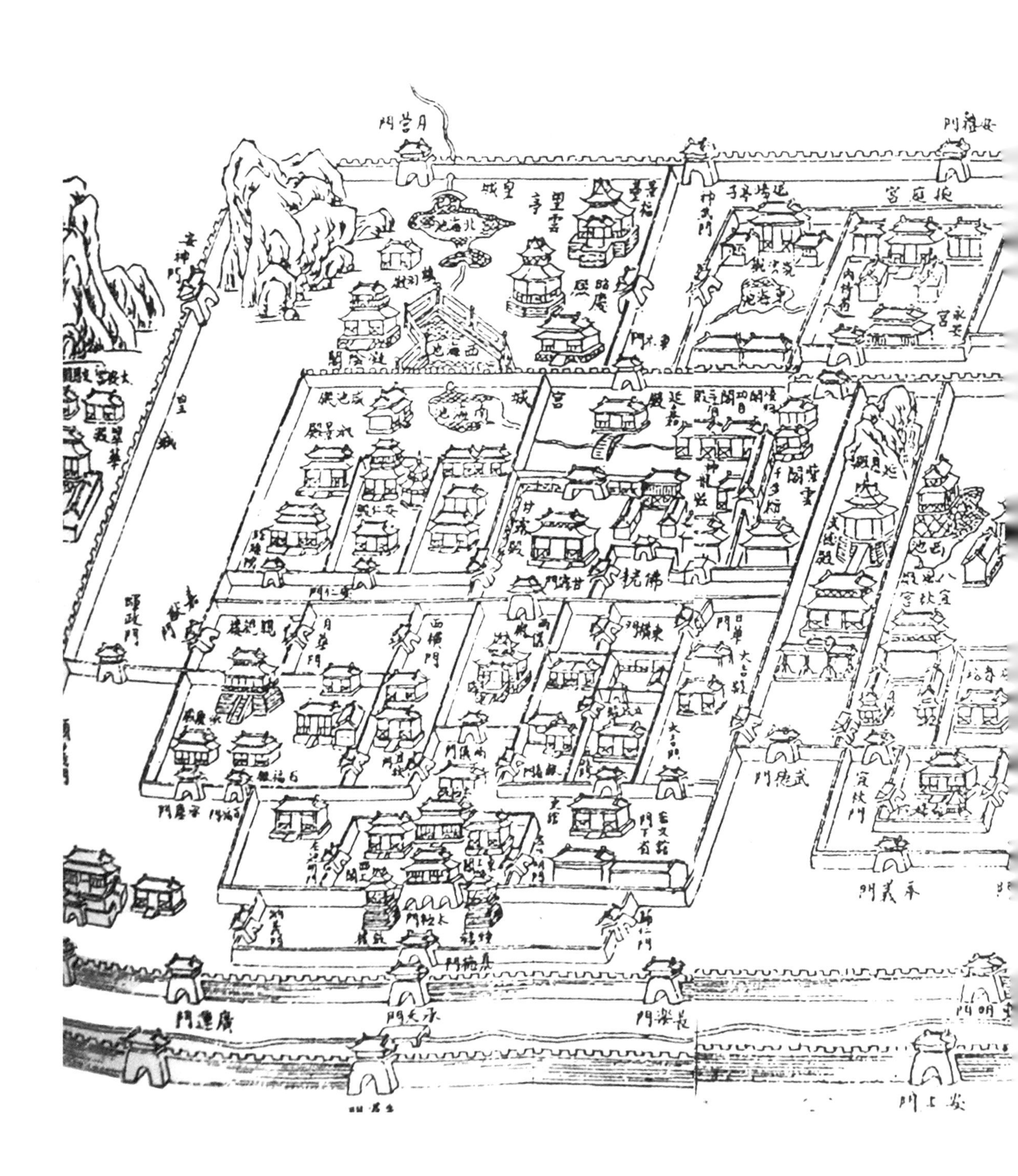

图 3-3-1
[清]《关中胜迹图志》
——《唐西内图》

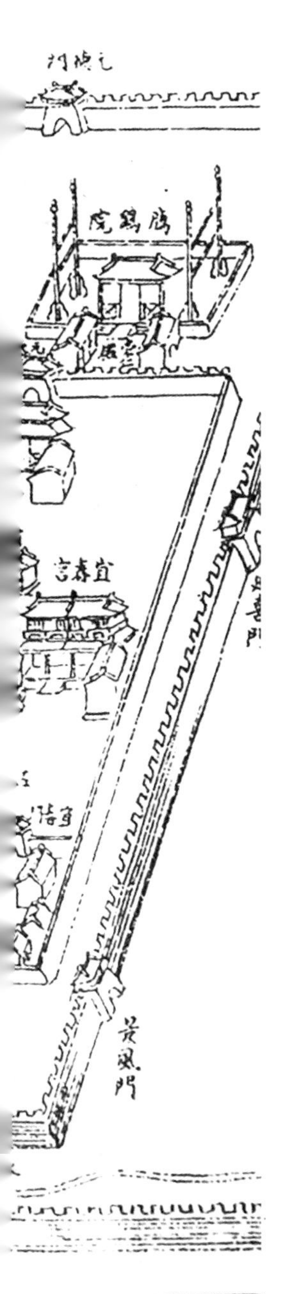

图中宫殿被宫墙重重环绕，形成多个被宫墙所分隔的区域。宫城总体呈现中轴对称格局，按照方位大致可以分为中区、北区、西区、东区。中区南侧的正门为朱雀门，两侧为安上门、含光门，沿中轴线向北依次为承天门、太极门、太极殿。太极殿是太极宫的正殿，殿高两层，重檐顶，两侧各有一座配殿。太极门两侧有一座钟楼和鼓楼。太极殿北为两仪门、两仪殿。

北区位于宫城北部，中心建筑为甘露殿，殿南正对甘露门，殿东侧为佛光寺。北侧有河渠，与南海池相通，池北为延嘉殿。延嘉殿东侧有凌烟阁、三清殿、紫云阁，凌烟阁向南延伸出千步廊，通向佛光寺。

西区位于太极殿西侧，分为前、后两区。前面为百福殿、承庆殿，分别与百福门、承庆门相对，两殿之后有一高台，台上建有亲亲楼。后区主殿为安仁殿，安仁殿西有淑景殿，殿北挖掘有南海池，池边矗立有咸池殿。

东区包括献春殿、立政殿、大吉殿，立政殿南侧正对立政门，大吉殿南侧为大吉门。大吉门东侧为武德门，武德门北侧矗立有三开间牌楼，牌楼北为武德殿、延恩殿，殿北有筑石假山。

武德门东侧有大型宫院，院南自东向西分别为奉化门、嘉德门、奉义门，奉化门北为崇文馆，奉义门北为命妇院。宫院中央的主要殿宇为明德殿，其两侧有宜春宫、宜秋宫，北侧有崇教殿、光大殿。宜春宫北有西池，池边有高台，台上建有八风殿。

宫城外围是皇城，图中皇城有较多的苑林。在靠近南海池之处，有西海池，池边有栏杆砌筑，池水与南海池相通。池边有凝阴阁、鹤羽殿、望霞亭和景福台。鹤羽殿后筑有大假山，假山下有池沼，与西海池以溪涧相连。景福台东侧有三座方院，分别为观云殿、掖庭宫和佛堂。观云殿前有东海池，掖庭宫前有永安宫。

鹤羽殿假山西侧为皇城的城门——安福门，门外有筑山，山前有文思殿、翠华殿、大安宫。

《唐西内图》显示，西内的苑林区分布在宫城北部、皇城北西，并与皇城外的苑林连接成一体。苑内筑山，挖有四处池沼，沿池建有亭阁楼榭，为帝王日常游憩场所（图3-3-1）。

图 3-4-1
[清]《关中胜迹图志》
——《唐东内图》

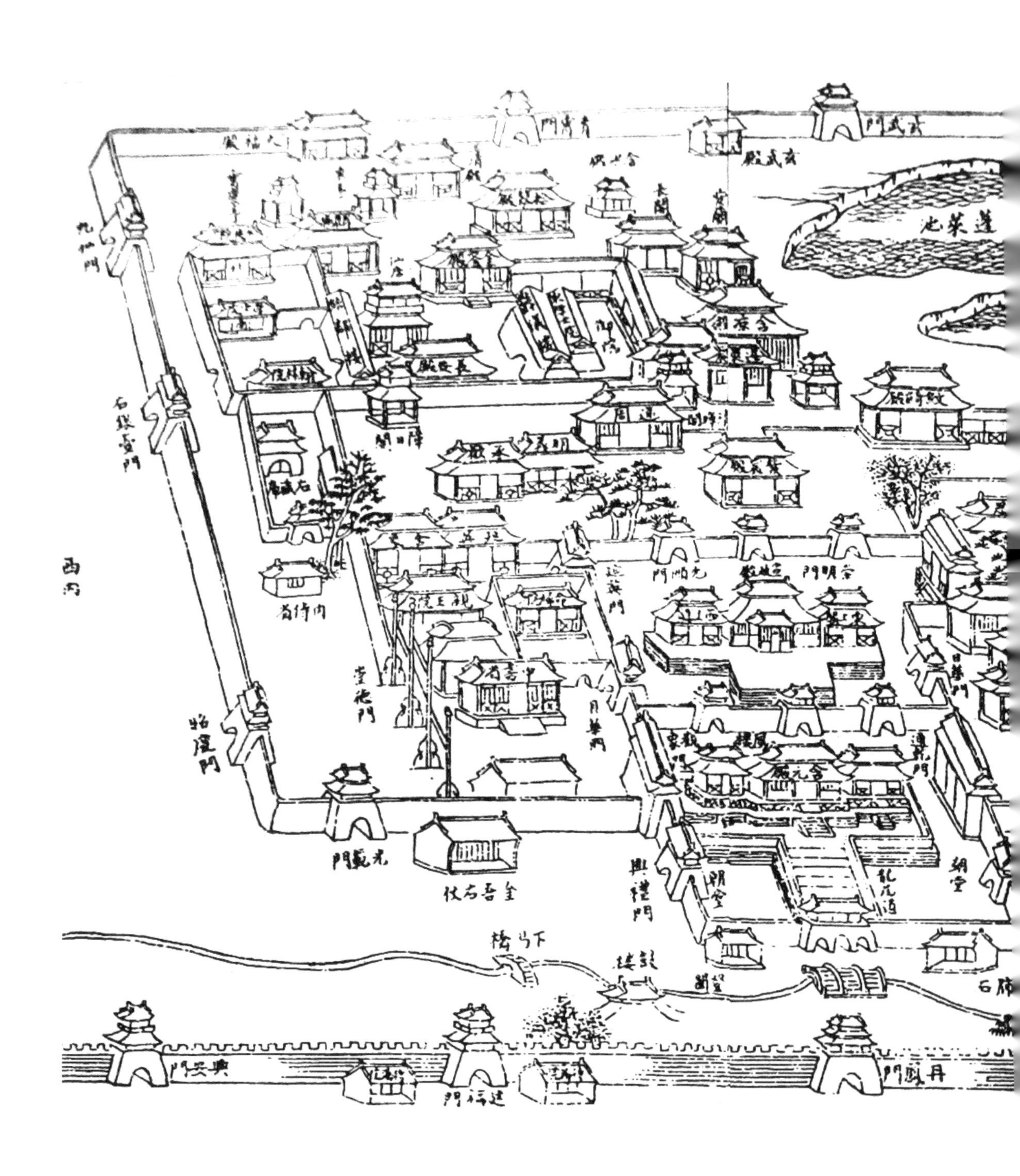

第四节　唐东内图像

唐长安的东内即大明宫，始建于贞观八年（634），原名永安宫，位于长安宫城东北角龙首原上。《关中胜迹图志》卷五中有《唐东内图》，表现了唐东内的格局与景观风貌。东内采用宫苑分置、南宫北苑的格局，宫廷区位于南部，苑林区位于北部。宫苑南墙即为长安北城墙的一段，开有五座宫门，自西向东依次为兴安门、建福门、丹凤门、望仙门、延政门。丹凤门为正门，正对南边的丹凤街。城墙后有一条曲水，水上架有下马桥。

曲水北为宫区，正门直对丹凤门，两侧分别有兴礼门和齐德门。正门内有龙尾道直通高台上的主殿——含元殿。含元殿为外朝正殿，殿基坐落在巨大的墩台上。墩台呈凹形，突出龙首原岗外。含元殿两侧有翔鸾、栖凤二阁，飞阁连通。[①]含元殿北为宣政门、宣政殿。宣政殿矗立于高台基上，两侧伸出庑廊，连接配殿。两侧庑廊外分设门下省、中书省等官署建筑。

宣政殿北有一大院，院内中心建筑为紫宸殿，为内朝所在。殿西有延英殿、含众殿，是皇帝召见宰相大臣议事之处。殿后区域为后苑区，环绕有承欢殿、明义殿、还周殿、清晖阁、纹绮殿，从名称看基本为休憩娱乐功能。纹绮殿以北有巨大的池沼，名为蓬莱池。池中有堤桥，将水面分成两部分。池边建有大角观和珠镜殿。池西有含凉殿、紫蓝殿、长阁殿、含冰殿、长阁、玄武殿、拾翠院、三清殿、金銮殿、仙居殿、长安殿、麟德殿、大福殿等殿阁。

麟德殿是后苑区的主要殿堂，曾作为宫内宴乐和接见外国使节的地方。麟德殿规模宏大，分为前、中、后三座殿宇，中殿面阔九间，进深五间，其东有郁仪楼和东亭，西有结邻楼和西亭，殿楼亭之间通过飞阁相连（图3-4-1）。[②]

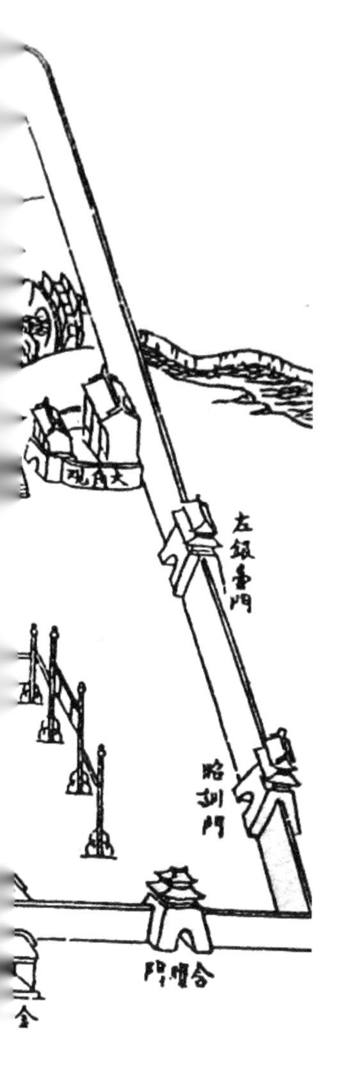

① 傅熹年：《唐长安大明宫含元殿原状的探讨》，文物：1973年7月，第30—48页。
② 吴永江：《唐大明宫遗址》，文物：1981年第7期，第90—93页。

图 3-5-1
[清]《关中胜迹图志》
——《唐南内图》

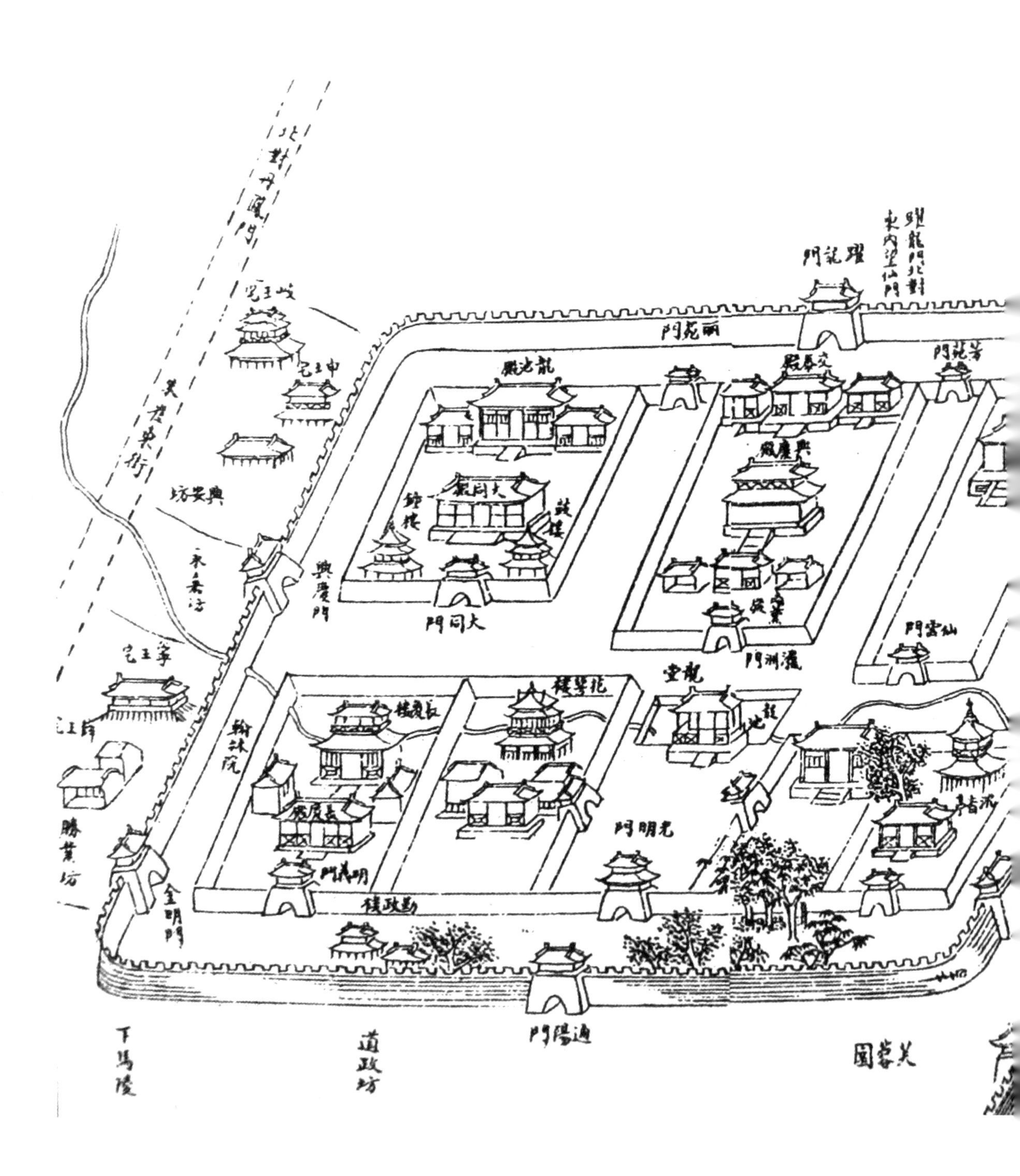

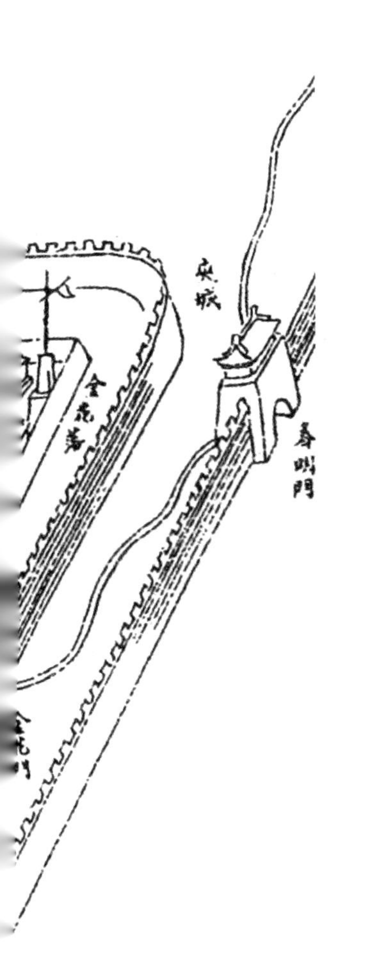

第五节　唐南内图像

南内又名兴庆宫，位于唐都城长安皇城东南的隆庆坊。《关中胜迹图志》卷五中有《唐南内图》。图中南内四面宫墙围合，四面均设门，北宫墙设置跃龙门，西宫墙设置兴庆门和金明门，南宫墙设置通阳门，东宫墙设置初阳门和金花门，金花门外为夹城，紧靠长安城的春明门和延兴门。西侧宫墙外有岐王宅、申王宅、宁王宅和薛王宅，东南有芙蓉园。

宫墙内部分成七个宫区。北部四个宫区，最东侧的为金花落，是大内禁军驻扎之处，面积较小，处于南内东北隅。其西为新射殿，面对仙云门。新射殿西侧的兴庆殿，是南内的正殿，承担朝会、政务功能。兴庆殿南为南薰殿，北为交泰殿，南薰殿正对瀛洲门。再往西为龙池殿，其南为大同殿、大同门，两侧有钟楼和鼓楼。①

南部有五个区域，最西侧宫院内主殿为长庆殿，殿后有两层高的长庆楼，楼两侧有配殿，长庆殿正对明义门。长庆楼东侧宫院内主楼为花萼相辉楼。楼高三层，楼顶为十字脊，登楼可远望诸王的府邸，亦是唐玄宗与诸王宴乐之处。花萼相辉楼东侧有巨大的龙池，池南建有龙堂，龙堂正对明光门。最东侧的宫院内建有沉香亭，亭身以名贵的沉香木做材料，亭南有一座殿宇。沉香亭西侧宫院中殿宇名称不详。

南内南墙通阳门内有一座勤政楼，高两层，南北进深三间，东西面阔五间，原是唐玄宗处理政务之楼，后作为赐宴之处（图3-5-1）。②③

---

① 李百进：《唐兴庆宫平面布局和勤政务本楼遗址复原研究》，古建园林技术：1999 年第 1 期，第 23—35 页。
② 窦培德，罗宏才：《唐兴庆宫勤政务本楼花萼相辉楼复原初步研究》（上），文博：2006 年第 5 期，第 80—85 页。
③《关中胜迹图志》卷五。

第六节　紫禁城图像

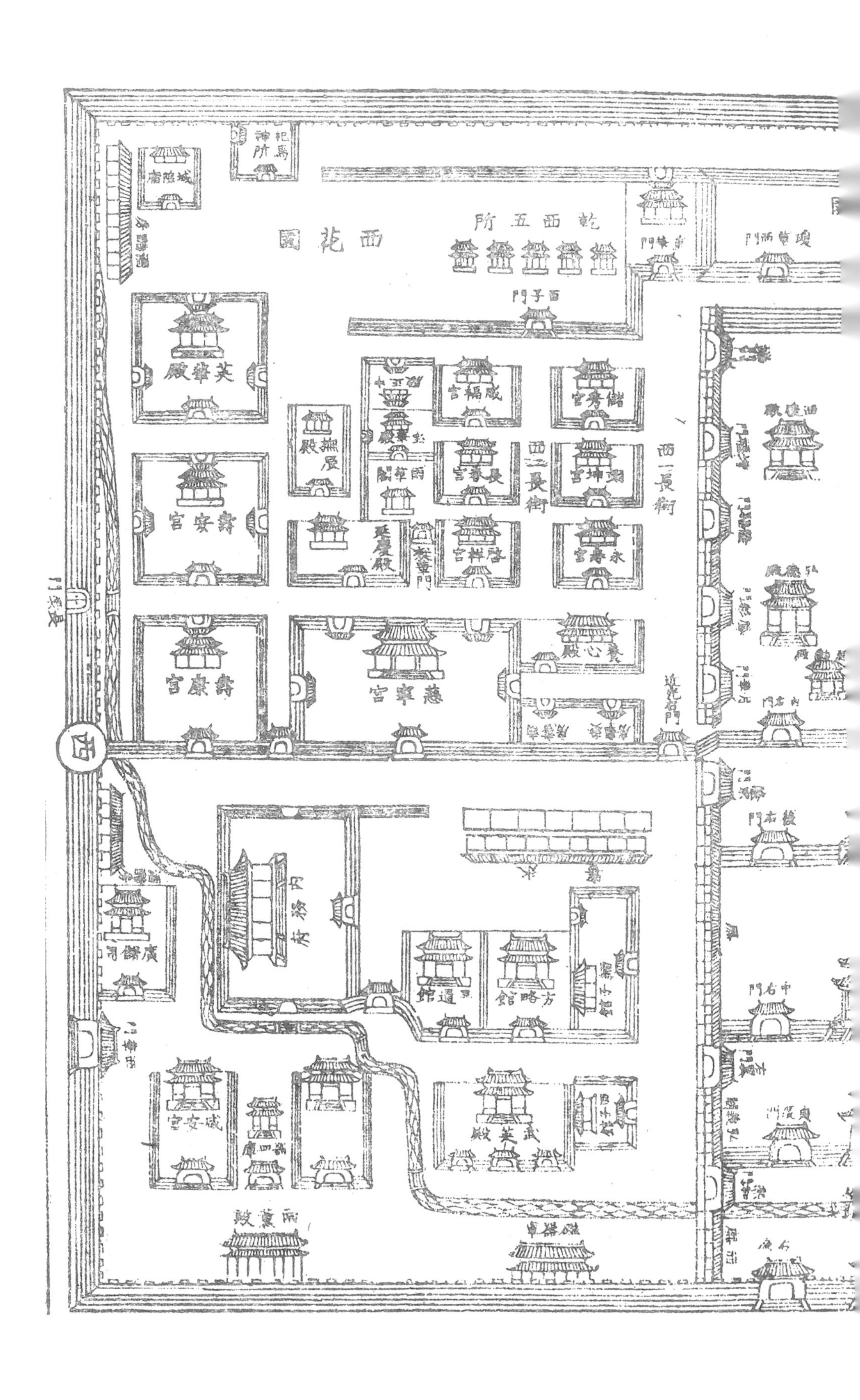

西花園
乾西五所
西子門
英華殿
壽安宮
壽康宮
慈寧宮
養心殿
咸福宮
儲秀宮
長春宮
翊坤宮
啓祥宮
永壽宮
延慶殿
雨華閣
西二長街
西一長街
內務府
方略館
武英殿
咸安宮
南薰殿

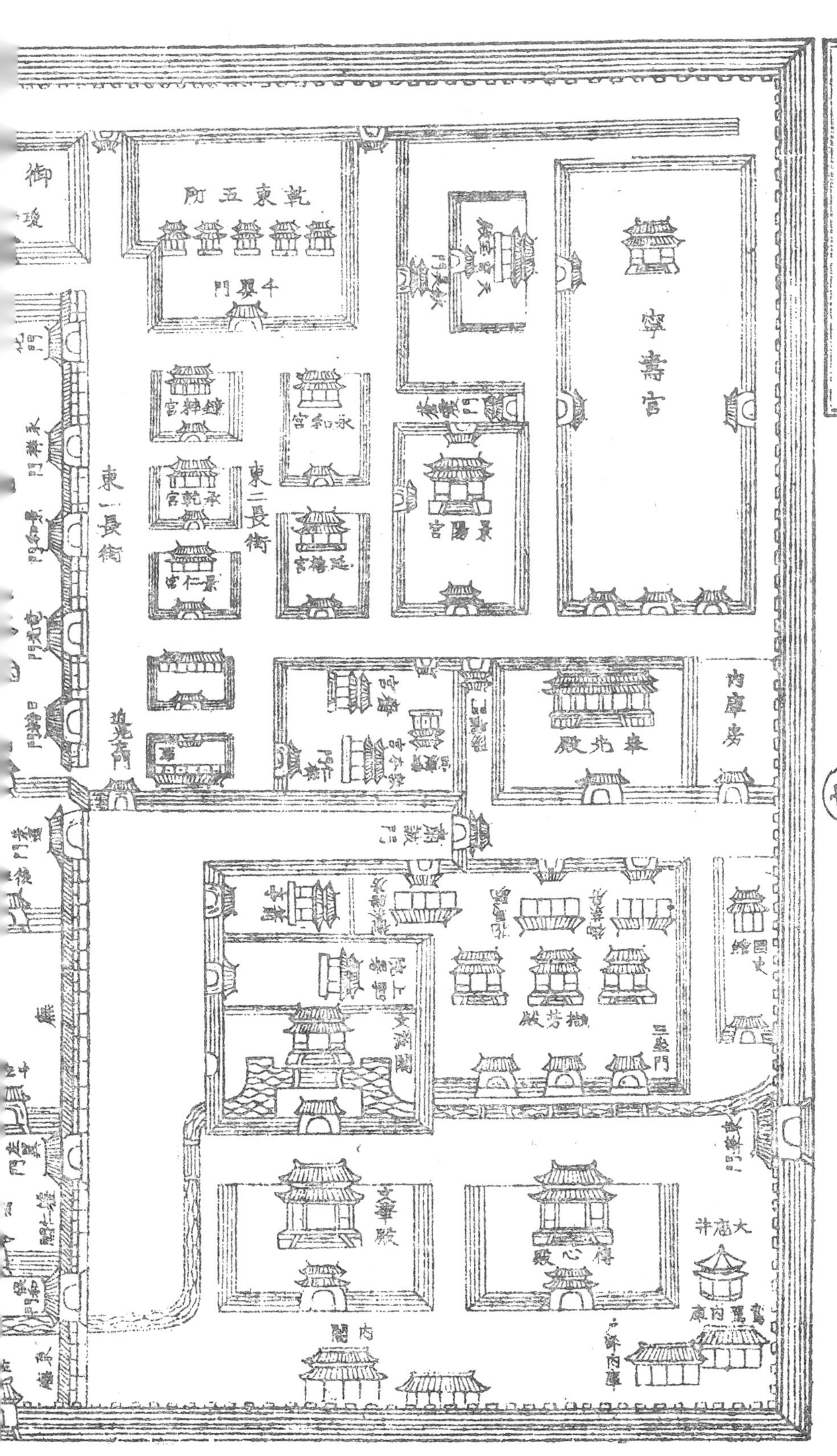

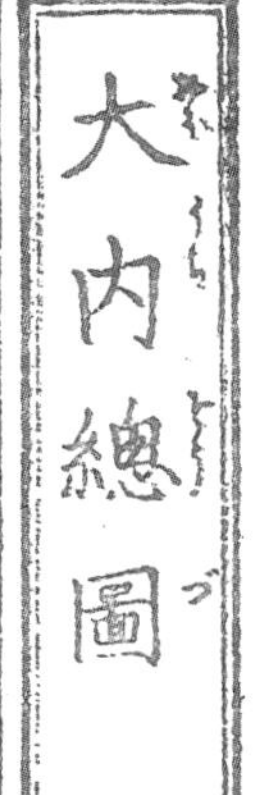

图 3-6-1
[日] 冈田玉山 等
《唐土名胜图会》
——《大内总图》

图 3-6-2
[日] 冈田玉山 等《唐土名胜图会》
——《午门朝参之图》

午門朝參之圖
玉輅
象輅
寶象

紫禁城为明清时期的宫城，是明清两朝的政治中心与帝后起居之处。《唐土名胜图会》中有《大内总图》一幅，刻绘了大内紫禁城宫殿的总体格局。紫禁城四周环绕筒子河，南边为午门，北边为神武门，东边开东华门，西边开西华门。午门位于明清紫禁城中轴线上，是紫禁城的正门，其南为天安门，北侧为太和门。午门以北，紫禁城内部的功能区包括外朝、内廷两大区块，外朝区位于南，内廷区位于北，采用东、中、西三路对称格局。外朝区为朝会、礼仪、大典、接见使节的场所，中路自午门开始，向北为金水河、金水桥、太和门，再往北为外朝三大殿，即太和殿、中和殿和保和殿。东路为内阁、文华殿、文渊阁，西路有武英殿、方略馆等。内廷区中路为乾清宫、坤宁宫，两侧为东西六宫。内廷东路为奉先殿、宁寿宫等，西路有慈宁宫、西花园等（图3-6-1）。①②

午门是紫禁城南门，亦为正门。《唐土名胜图会》中的《午门朝参之图》表现了午门的空间结构。午门东、西、北三面皆为城台，围合成方形的广场。城台上建有一座门楼——五凤楼。图中所绘门楼屋顶形制为重檐歇山顶，柱间为隔扇门。门楼两侧沿城台顶部伸出廊庑，连接两边的辅楼与角楼（图 3-6-2）。

《鸿雪因缘图记》中有《午门释褐》一图，显示了午门一角。图中门楼形态为单檐顶，檐角翘起，檐枋上绘有复杂的图案。门楼两侧沿城台顶部伸出廊庑，转角处建有四方攒尖角亭。城台底部均有须弥基座，角落建有卷棚顶建筑，面阔三间，一侧置有兵器架。城台南侧开三门，图中正门打开，侧门紧闭，殿试三甲者从此门入朝（图 3-6-3）。

《唐土名胜图会》中还有四幅《午门内九重殿门之图》，可相互连接成一体，主要表现了紫禁城核心区域的殿宇建筑布局与构成。四幅图沿着紫禁城中轴线，从右向左刻画了太和门、太和殿、弘义阁、体仁阁、中和殿、保和殿、乾清宫、昭仁殿、弘德殿、交泰殿、坤宁宫、东西暖殿的景观风貌（图 3-6-4~图 3-6-7）。

---

① 潘谷西主编：《中国古代建筑史》（第 4 卷，元、明建筑），北京：中国建筑工业出版社，2009 年第 2 版，第 117—120 页。

② 在清代，大明门改称为大清门，承天门改称为天安门，外朝三大殿皇极殿、中极殿和建极殿分别改称为太和殿、中和殿和保和殿。

图 3-6-3
[清]《鸿雪因缘图记》
——《午门释褐》

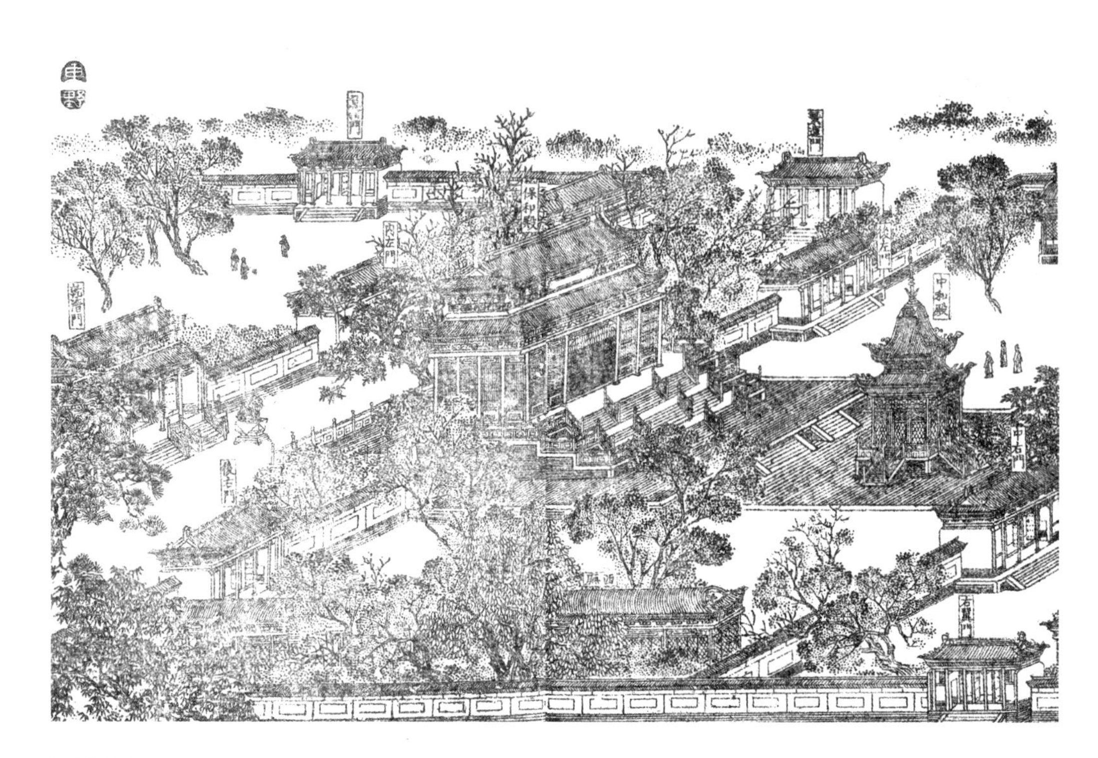

图 3-6-5
[日]冈田玉山 等《唐土名胜图会》——《午门内九重殿门之图》之二

图 3-6-7
[日]冈田玉山 等《唐土名胜图会》——《午门内九重殿门之图》之四

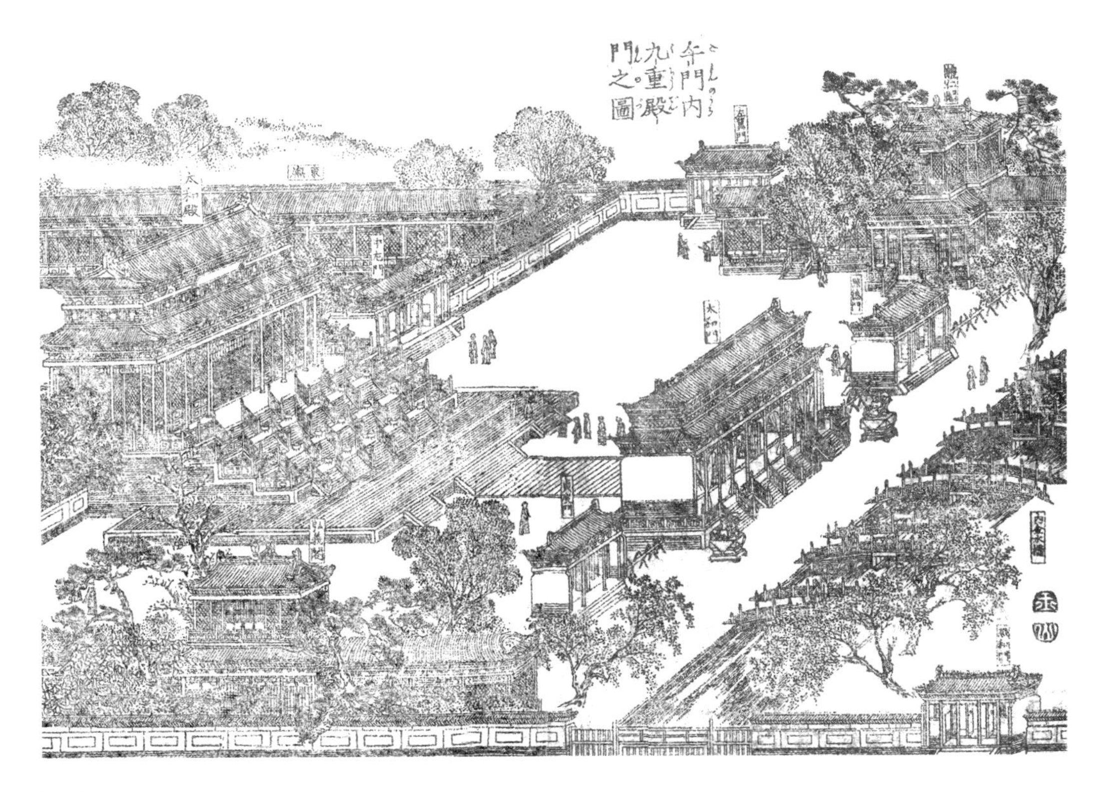

图 3-6-4
[日]冈田玉山 等《唐土名胜图会》——《午门内九重殿门之图》之一

图 3-6-6
[日]冈田玉山 等《唐土名胜图会》——《午门内九重殿门之图》之三

图 3-7-1
[日] 冈田玉山 等《唐土名胜图会》
——《御花园》

第七节　御花园图像

御花园又称为后苑，位于紫禁城坤宁宫北侧、紫禁城中轴线北端，平面方形。《唐土名胜图会》中有《御花园》一图。御花园南面正门为天一门，其对面为坤宁门。图中坤宁门仅露出殿顶，自坤宁门可到达南侧的坤宁宫。天一门两侧围墙中各有一个边门，称为琼苑东门和琼苑西门，各通向坤宁宫两侧的东西六宫。主体建筑钦安殿面阔五间，重檐歇山顶，殿基石台栏杆雕刻龙凤纹，前有殿陛踏跺。钦安殿以北为承光门。

承光门以北有大片园林。其中心为一大片假山，名为堆秀山。堆秀山中构建了洞穴，并修建了登山的磴道。山顶建有观景用的御景亭。御景亭平面呈六边形，攒尖亭顶，为御花园制高点，也是紫禁城内重阳登高之处，亭四周种植有数株松树。

钦安殿东为摛藻堂，坐北朝南，面阔五间，重檐殿顶。摛藻堂东有绛雪轩。绛雪轩坐东朝西，面阔五间，单檐顶，轩顶覆盖黄色琉璃瓦，前出抱厦三间，门窗均使用楠木，不施彩绘，仅在梁枋上使用绿色竹纹彩画。轩前有方形琉璃花坛，内置太湖石，并种植海棠、牡丹等植物，四周花木繁盛。轩北万春亭，建于嘉靖十五年（1536），四方攒尖顶，基座四面出陛。堆秀山下、摛藻堂北有一条溪流，水边自远而近依次建有凝香亭、浮碧亭。图中浮碧亭形制如同水阁，亭前方的水面上架设有小拱桥。

钦安殿西为延辉阁，与堆秀山相呼应。延辉阁西侧为位育斋，斋西有一小亭，名为玉翠亭。位育斋南为水池和池亭，池亭名为澄瑞亭。澄瑞亭南侧有千秋亭。图中堆秀山下有四神祠（图 3-7-1）。

图 3-8-1
[日]冈田玉山 等《唐土名胜图会》
——《西花园》

第八节　西花园图像

西花园即建福宫花园，位于紫禁城内廷西路北端，建于乾隆五年（1740）。[①]《唐土名胜图会》中有《西花园》一图。图中西花园紧靠建福宫宫殿群。宫殿群呈规整形。南侧宫墙正中为建福门，正对抚辰殿，两侧伸出八字照壁墙。宫门后为廊庑围合的方院，院正中为主殿建福宫。建福宫面阔五间，进深三间，重檐歇山顶。建福宫后侧有水渠，水边建有惠风亭，平面方形，面阔三间，攒尖顶。惠风亭后为静怡轩，再往北为惠曜楼、敬胜斋、吉云楼。

水池边有巨大的假山隆起，假山石崖上刻有“玉玲珑”三字。山体形态变化有致，树木葱郁。山中有石台，其上教案有积翠亭。山麓池沼边可见延春阁、延晖堂、碧琳馆。假山后侧为宫墙（图3-8-1）。

① 朱庆征：《建福宫及其花园的平面布局研究》，故宫博物院院刊：2002年第4期，第88—91页。

图 3-9-1
[日] 冈田玉山 等《唐土名胜图会》
——《慈宁宫》

第九节　慈宁宫花园

慈宁宫位于紫禁城西路偏北，始建于嘉靖十五年（1536），是皇太后、太妃的居所。慈宁宫花园位于慈宁宫东侧，是其附园。《唐土名胜图会》中有《慈宁宫》一图，呈现了慈宁宫花园的风貌。

图中前方为花园区，后部为殿宇区，建筑布局较为空旷。前方宫墙左侧有永康右门。门后花木掩映之中可见延寿堂、吉云楼、咸若馆。咸若馆为慈宁宫主殿，面阔五间，重檐歇山顶。馆后有宝相楼和慈荫楼。中央空地中有一处池沼，池中养鱼，种植荷花，池中岛屿上有临溪亭，以折桥与岸边相连。

殿宇区从右向左依次为慈宁门、慈宁宫和后殿，两侧以东庑和西庑围合。东庑后侧有跨院，院内主殿为二层殿，远处可见永康左门（图 3-9-1）。

图 3-10-1
[日]冈田玉山 等《唐土名胜图会》
——《寿安宫之图》

第十节 寿安宫花园

寿安宫为太妃居住之所。《唐土名胜图会》中有《寿安宫之图》。图中，寿安宫主要殿宇沿中轴线布置，图中中轴线从右向左延伸。轴线右端为寿安门。门后为照壁，照壁后建有三座演戏台。春禧殿与演戏台相对，建于高台基上，两侧伸出廊庑，分别通向左右各一座延楼。延楼高两层，一层方形，二层圆形，与廊庑、春禧殿、演戏台围合成方院。春禧殿之后为寿安宫，面阔五间，重檐顶，两侧各有一座暖阁。殿后堆砌有假山，山中植有松树，一条磴道通向山顶的平台。平台四周有栏杆围合，其上建有景亭（图 3-10-1）。

图 3-11-1
[日]冈田玉山 等《唐土名胜图会》
——《景山》

第十一节　景山图像

景山原名万岁山，位于紫禁城北，皇城中轴线上，四周宫墙围合，四面开门。万岁山为修建紫禁城时疏浚河道所挖泥土堆积而成，山有五峰，中峰最高，两侧向左右依次递减，总体延续了紫禁城中轴对称的格局。

《唐土名胜图会》中的《景山》一图描绘了景山北面风景。图中，景山主要殿宇布置在中轴线上，主殿为寿皇殿，面阔五间，重檐顶。寿皇殿后面依次为寿皇门、长春馆、长春门、寿明亭、寿明门，寿明门后有磴道通向景山山顶。一侧分布着兴庆阁、万福阁，另一侧分布有集祥阁、永恩殿，呈三路多进院落式布局（图 3-11-1）。

景山

雪裏瑤華島雲端白
玉京削成千仞勢高
出九重城繡陌回環
繞紅樓宛轉迎近天
多雨露草木每先榮
成德詩

图 3-12-1
[清]董邦达《西苑千尺雪图》
局部

第十二节　西苑图像

西苑是明清时期北京大内御苑中面积最大的一处，苑内巨大的池沼即元代的太液池。元代曾在太液池中修葺、扩建琼华岛、圆坻等岛屿。明天顺年间（1457—1464）太液池向南拓展，万岁山改称为琼华岛，琼华岛以北增加了一些亭台楼榭和宫廷建筑，营造了砖砌的团城，圆坻成为太液池东岸伸出的半岛。清代西苑总体格局变化不大，但是增加了很多建筑。

董邦达绘有《西苑千尺雪图》。“千尺雪”位于西苑淑清院，是乾隆南巡后模拟苏州寒山千尺雪景观而营造的一处景点。图中自右向左勾勒了竹林、临河殿、爬山廊、水阁、敞厅、假山、石梁等。假山是“千尺雪”的制高点，山下水流涌动（图 3-12-1）。

《唐土名胜图会》中有四幅《太液池》图，相互可连接为一体，刻画了西苑太液池及其周围的景观。自右向左，图中依次展示了团城、承光殿、白石桥、琼华岛、永安寺、金鳌玉蛛桥、五龙亭等景点（图3-12-2~图3-12-5）。

图中显示，团城为砖砌，圆形，筑有城墙。东西两侧有昭景门和衍祥门。团城上的中心建筑为承光殿，位于元朝时期仪天殿旧址，坐北朝南，俗名团殿。承光殿前有玉瓮亭，亭内置有元代墨玉雕刻而成的玉瓮——渎山大玉海。承光殿北为敬跻堂，为环形廊屋，共十五间。敬跻堂东有古籁堂，西有余清斋、沁香亭，堆石假山上建有镜澜亭。团城后面有堆云积翠桥，通向琼华岛。琼华岛坡顶为永安寺的小白塔。图中白塔坐落在崇台上，塔基为砖石结构须弥座，塔肚为圆形，呈现典型的覆钵式塔造型特征。[①]

---

① 任明杰：《北海永安寺白塔》，2009 年第 2 期，第 77—79 页。

图 3-12-3
［日］冈田玉山 等《唐土名胜图会》——《太液池》之二

图 3-12-5
［日］冈田玉山 等《唐土名胜图会》——《太液池》之四

图 3-12-2
[日]冈田玉山 等《唐土名胜图会》——《太液池》之一

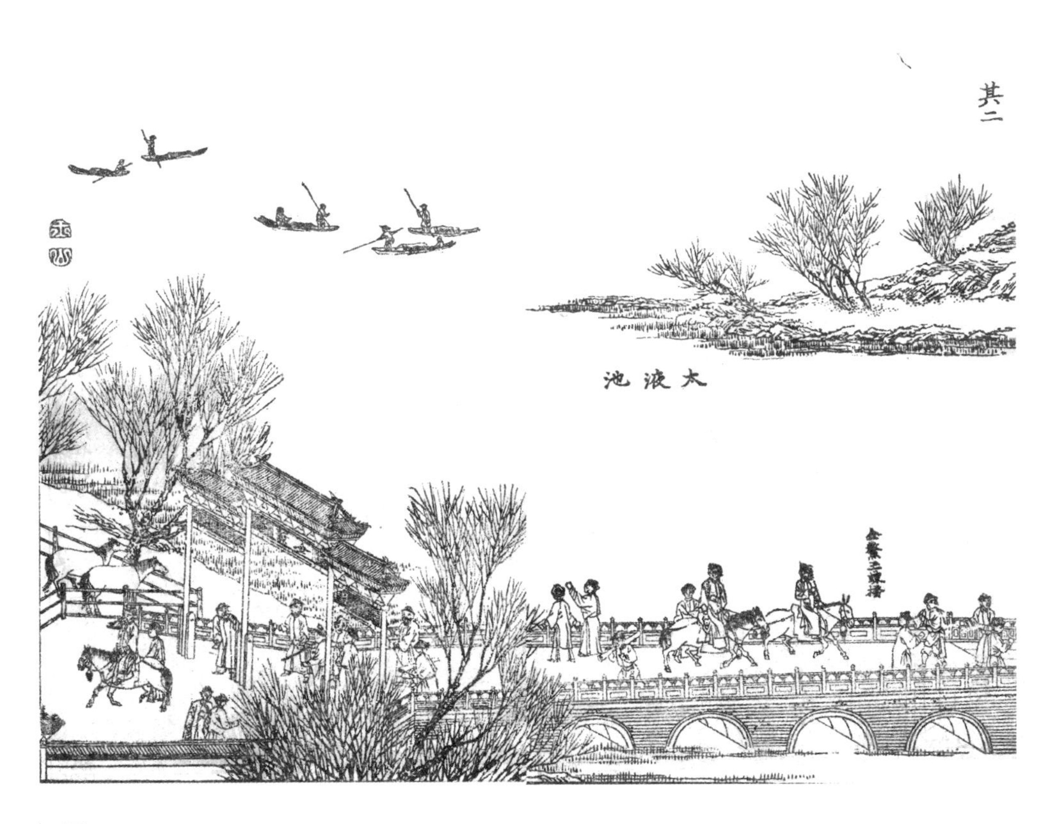

图 3-12-4
[日]冈田玉山 等《唐土名胜图会》——《太液池》之三

团城向西通过金鳌玉蛛桥与西岸相通。图中，金鳌玉蛛桥为九孔石拱桥，桥身两边砌有栏杆，桥两端各立有一座四柱三开间牌楼。金鳌玉蛛桥西侧有养马的马圈，其前方可见紫光阁前门的屋顶。后方太液池对岸有五龙亭。五龙亭包括龙泽亭、涌瑞亭、浮翠亭、澄祥亭、滋香亭五座亭子，坐落于水边。

除了《太液池》图以外，《唐土名胜图会》中还有《蕉园盂兰会》一图，描绘了西苑蕉园一带的风景。图中，远景为万岁山、太液池，近景为蕉园。蕉园又名椒园，园内主殿为崇智殿，康熙时期改为万善殿。图中，万善殿掩映于宫墙与树林之间，重檐歇山顶。殿前为万善门，殿后为穹隆顶千圣殿，供奉七级千佛塔。殿两侧有集瑞馆、迎祥馆、朗心楼和悦性楼，楼馆与圆殿之间有廊庑相连（图3-12-6）。

图 3-12-6
［日］冈田玉山 等《唐土名胜图会》——《蕉园盂兰会》

《鸿雪因缘图记》中有《金鳌归里》一图，图中描绘了琼华岛、团城和金鳌玉蛛桥。图像视点位于金鳌玉蛛桥上方。桥后面为团城，砖砌城墙，城上茂密的植被中露出承光殿的重檐歇山殿顶。团城与琼华岛均被北海水面环绕，对岸为五龙亭，五龙亭后为阐福寺，殿阁高大雄伟（图3-12-7）。

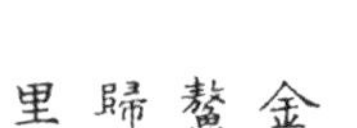

图 3-12-7

[清]《鸿雪因缘图记》——《金鳌归里》

第四章

离宫御苑图像

图 4-1-1
[清]《关中胜迹图志》
——《唐华清宫图》

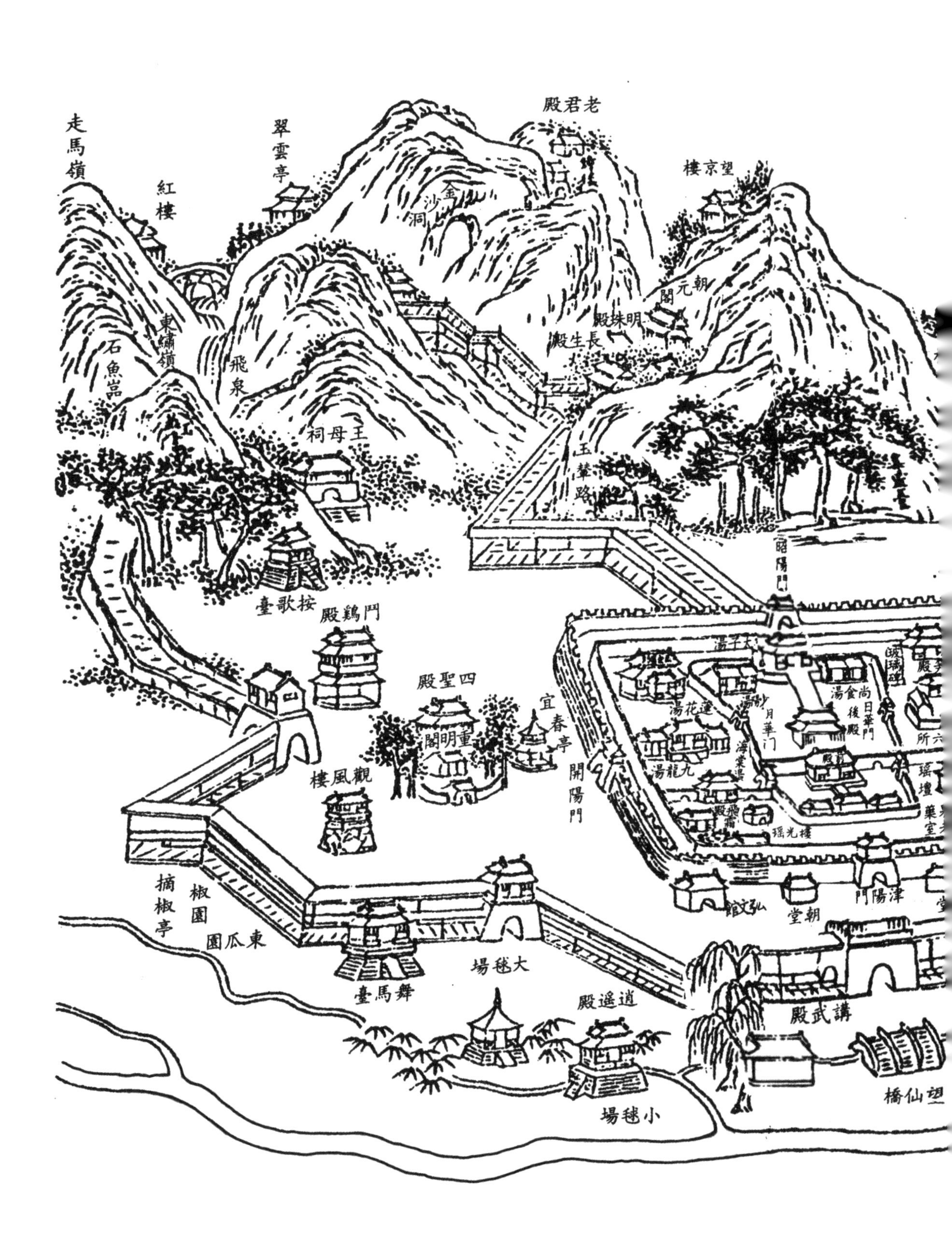

第一节　唐华清宫图像

华清宫位于临潼县南骊山西绣岭北坡冲积扇上，北面为渭河，贞观十八年（644）始建。《关中胜迹图志》中有《唐华清宫图》，图中华清宫范围包括了前面的宫城和后面的苑林区，属于典型的宫苑分置、北宫南苑格局。

宫城坐南朝北，平面方形，正北门为津阳门，西门为望京门，南门为昭阳门，东门为开阳门。津阳门外有弘文馆、朝堂、讲武殿，正对望仙桥。开阳门外有围墙围合的小院，院南为重明阁，高两层，琉璃瓦重檐歇山顶，内有古井和莲花池，院北为重檐琉璃瓦顶的四圣殿。东有斗鸡殿，是宫廷内观看斗鸡表演的地方。斗鸡殿东南有一座按歌台，在高大的石台台基上建有观赏歌舞的殿宇。开阳门东南有椒园和东瓜园，均为种植蔬果的园圃。重明阁以北为观风楼，楼高两层，是用于观赏风景的建筑。楼顶为重檐歇山琉璃瓦屋顶，四面回廊，雕梁画栋，登楼可北望渭河，南望骊山。观风楼北为皇家球场，是唐玄宗观看马球比赛娱乐的场所，球场北为逍遥殿。

宫城以西有芙蓉园、粉梅坛、西瓜园等御苑。芙蓉园为看花赏花的地方，园内种植大量的芙蓉花。芙蓉园南为粉梅坛，种满大量的梅花。西瓜园位于北侧，利用温泉水源浇灌瓜田，生产西瓜供宫妃食用。瓜园旁有四季花园，种植了大量名贵的花卉，园内有看花台。

宫城内建筑基本按照南北纵向、右中左三路布置。中路主要殿宇包括前殿和后殿。前殿为唐玄宗处理朝政的场所，登山前后也常在此殿休息。后殿为百官休憩的地方，体量比前殿稍小。前殿南院有太子汤、少阳汤、尚食汤和宜春汤。太子汤和少阳汤供太子、诸王和百官沐浴温泉用。尚食汤和宜春汤供妃嫔、公主沐浴温泉用。

东路为寝宫区，主要殿宇为玉女殿、飞霜殿和瑶光楼。飞霜殿是唐玄宗与杨贵妃的寝宫，规模宏大。飞霜殿以南为玉女殿，殿南有两层楼阁，阁下为华清宫温泉源头所在，登阁可南望骊山山景。飞霜殿与玉女殿之间有一组温泉，包括长方形的九龙汤、海棠花形状的海棠汤、莲花形状的莲花汤。莲花汤又称御汤，是皇帝专用的温泉，位于飞霜殿东南的九龙殿内。九龙殿面阔五间，进深四间，歇山顶。

海棠汤是杨贵妃专用的温泉，又称“贵妃汤”，位于莲花汤西。汤池所在殿宇面阔与进深均三间，屋顶为歇山顶。①

西路主要建筑包括笋殿、长汤十六所、功德院、七圣殿和果老药室。笋殿内有温泉堂碑。长汤十六所是十六座温泉浴殿，专供宫内嫔妃温泉洗浴用，四周宫墙环绕，私密性较强。玄宗信奉道教，功德院、七圣殿和果老药室均是宫廷道观建筑。功德院是修行的场所，果老药室是炼制丹药的地方，七圣殿有祭祀的作用，殿四周石榴环绕，据传为杨贵妃为求子所植。

宫城南侧为骊山北麓东绣岭与西绣岭，峰峦叠翠，一条玉辇路自宫城直通山上。依山势建有一些游赏性的建筑。东绣岭山上有金沙洞和石鱼崖，崖旁有泉水飞泻而下，泉水边建有红楼。峰下建有王母祠。②

西绣岭山峰上建有翠云亭、老君殿、望京楼、朝元阁，山中建有明珠殿、长生殿，与玉辇路相连。老君殿内供奉老子像，与朝元阁同属道教建筑，长生殿则是唐玄宗斋戒沐浴的场所。山坡上还有荔枝园、饮鹿槽、白鹿观、饮济泉（图4-1-1）。

① 张铁宁：《唐华清宫汤池遗址建筑复原》，文物：1995年第11期，第61—71页。
② 朱悦战：《唐华清宫园林建筑布局研究》，唐都学刊：2005年第6期，第15—18页。

第二节　避暑山庄图像

避暑山庄位于河北承德，又名热河行宫，是清朝皇帝夏季避暑休闲和处理政务的大型离宫御苑。北京紫禁城夏季炎热酷暑难当，而河北承德地处蒙古草原与华北平原的过渡地带，且四面环山、夏季凉爽、气候宜人。出于夏季避暑的需求，康熙帝从康熙四十二年（1703）起开始营造避暑山庄，因山就势建造宫殿楼阁、开拓湖池，使得避暑山庄初具规模。康熙二十年（1681），为了进一步维护、提高与蒙古王公贵族的关系，巩固边防，同时也为了训练军队，锻炼、加强满族贵族的骑射技能，康熙下令在蒙古草原建立木兰围场。每年秋季，皇帝带领皇亲贵族、王公大臣、军队数万人前往木兰围场举行狩猎活动，称为木兰秋狝。避暑山庄建成以后，成为清廷木兰秋狝过程中最重要的行宫。雍正年间避暑山庄停建。乾隆年间进一步扩建避暑山庄，拓展水系，增建宫殿。

避暑山庄总体格局分为宫廷区与苑林区。宫廷区位于南侧，是皇帝处理政事、接见臣僚、会见外国使节和举办庆典、生活起居的地方，包括正宫、松鹤斋、万壑松风与东宫四个建筑群，呈东西方向排列。苑林区又划分为山岳区、湖泊区和平原区。湖泊区位于宫廷区的北面，被洲岛和堤划分为澄湖、长湖、上湖、下湖、银湖、如意湖、镜湖等形态尺度不一但是相互联系的湖面。平原区位于湖泊区以北，景观疏朗，视野开阔，具有塞外草原的风光特色。山岳区位于湖泊区与平原区的西侧与西北侧，峰峦翠嶂连绵不绝，其中的谷沟基本为西北—东南走向，自南往北依次为大小榛子峪、梨树峪、松云峡，依山就势建有数量众多的建筑群。

避暑山庄的营建前后历时近 90 年，以避暑山庄为主题形成了庞大的宫廷图像作品体系，这也是清代最早的宫廷园林图像。康熙精选三十六景，以四字为名题了三十六景名，同时诏命内阁学士沈嵛绘图。沈嵛每景绘一图，以白描手法共绘制三十六图，画幅高 26 厘米，宽 29 厘米，配以康熙的赋诗，于康熙五十年（1711）由内务府刊印成上下两册的《避暑山庄图咏》。次年，雕版高手朱圭[1]和梅玉凤等人以沈嵛画作为底稿，镌刻了木版画《御制避暑山庄三十六景图》，共计三十六帧，每图高 26 厘米，宽 29.3 厘米。

《御制避暑山庄三十六景图》第一景图为《烟波致爽》。烟波致爽为避暑山庄中皇帝居住的正殿名称。本景图以此为名，实际刻画了山庄帝后生活区的建筑与自然景观。图中被横向的水面分割成上下两部分。水面之前为建筑区，主体为三幢殿宇。最前方为入口的门殿，面阔三间，两边伸出耳房。中间为烟波致爽殿，面阔七间，其后为高两层、面阔五间的云山胜地楼，登楼可以遥望湖山景色。三幢殿宇均为前出廊，侧边有回廊，构成前后两进院落。主院一侧有后妃居住的别院，亦以回廊围合，建筑群呈现中轴对称、规整严谨的布局特点，符合清廷宫苑建筑布局的形制。水面之后有蜿蜒的山脉和曲折的岸线（图 4-2-1-1）。

---

① 朱圭，苏州人，康熙时期著名的版画家、雕刻名家，曾被招入清廷内府主持宫廷版画创作，其雕工绝伦，受到康熙的盛赞。朱圭代表作品有木版画《万寿盛典图》《耕织图》等。

第二景图为《芝径云堤》。画面以湖面和堤为主体，主堤自左下角伸出，分成三条支堤，蜿蜒曲折，形似灵芝，堤面与水面几乎持平，沿堤种植柳树，湖中遍种荷花菱茭，一派江南水乡景色。三条支堤连接三处景点：采菱渡、如意洲、月色江声。右边与中间的支堤均与木拱桥相连（图 4-2-1-2）。

第三景图为《无暑清凉》。无暑清凉位于如意洲上。左侧堆有土石山冈，中部建有规整的院落式建筑组群，前方有堤径，与画外相连。主建筑群有两个方形回院，左边为回廊环绕，前面廊墙上有各式样的漏窗，院中种有巨大的树木，前面无门，应为跨院。右边的为主院，前面为大门，面阔三间，前面出廊，后面为无暑清凉殿，面阔五间，前面出廊。建筑群临水而建，水中有荷花、睡莲（图 4-2-1-3）。

图 4-2-1-1
［清］《御制避暑山庄三十六景图》——《烟波致爽》

图 4-2-1-2
[清]《御制避暑山庄三十六景图》——《芝径云堤》

图 4-2-1-3
[清]《御制避暑山庄三十六景图》——《无暑清凉》

第四景图为《延薰山馆》。延薰山馆位于如意洲上。画面中的洲岛中有两处方形院落，皆以回廊围合。左边院中前后有三座殿宇，第一座面阔五间，歇山卷棚顶，前面出廊，中间一座为卷棚悬山顶，后面一座为卷棚歇山顶，三座殿宇分别向两侧延伸出游廊，形成前后三进院落。右边一处院落前后两进，前面有门殿，后面为七间大殿。门殿前向左下方伸出一条小路，两侧的湖水里画有莲叶。建筑图像左边为大面积的水面，后面有连绵的山体（图 4-2-1-4）。

第五景图为《水芳岩秀》。这一景的位置亦为如意洲上。画面中心为两进方形回院建筑群，院落以回廊围合。入口门殿位于前，面阔三间，卷棚悬山顶。中间的建筑面阔七间，卷棚歇山顶。后面为两层高的楼阁，歇山屋顶，二层环绕平坐栏杆。第一进院中堆砌有假山，山上种有树木。左边另有一座三开间的房子，以游廊与主院相接。建筑群后方为湖面，前面为曲折的岸线和驳岸石，并画有荷叶睡莲（图 4-2-1-5）。

第六景图为《万壑松风》。画中偏右上方为万壑松风建筑群，为山庄宫廷区的最后一进院落。建筑群地势较高，四周有回廊围合。殿前地势陡然下降，其间有磴道向下通往水边，顺着岸线呈“之”字形与前方的木拱桥相连。水边有一座观水亭，四方攒尖顶造型。木拱桥桥面拱起，以八根桥柱支撑桥身，桥面两边有栏杆，两端架于滨岸上（图 4-2-1-6）。

图 4-2-1-4
[清]《御制避暑山庄三十六景图》——《延薰山馆》

图 4-2-1-5
[清]《御制避暑山庄三十六景图》——《水芳岩秀》

图 4-2-1-6
[清]《御制避暑山庄三十六景图》——《万壑松风》

第七景图为《松鹤清樾》。松鹤清樾建筑群位于榛子峪东端峪口处，背山面水。画面中有横向延伸的三个院落式建筑群，各院有独立的门殿。中间的为主院，前面有入口门殿，面阔五间，后面的正殿为面阔五间的风泉清听殿。右边的院落门殿面阔三间，一主两次，主间前廊向前突出，屋顶也高于次间。右院的正殿为松鹤清樾殿，左右有面阔三间的配殿，通过回廊与门殿连接。左院为值房。建筑群后面为榛子峪，山体起伏，前方有一条溪涧，在靠近门殿处架有两座石板桥（图 4-2-1-7）。

第八景图为《云山胜地》。云山胜地为烟波致爽殿北面的楼阁，楼高两层，面阔五间。本画面实际描绘了云山胜地楼北立面。画面中建筑群掩映在林木之中，建筑前方有大片的丘陵岗地，右方空出一条曲径，延伸至画面下方的滨岸（图 4-2-1-8）。

第九景图为《四面云山》。四面云山亭位于画面左上角山岳区的高峰上，画中显示为单檐四方攒尖造型。亭子入口延伸出陡峭的磴道。画面中大面积的篇幅均处理为起伏的山体，以林木点缀山形，凸显了四面云山景点的意境（图 4-2-1-9）。

图 4-2-1-7
［清］《御制避暑山庄三十六景图》——《松鹤清樾》

图 4-2-1-8
[清]《御制避暑山庄三十六景图》——《云山胜地》

图 4-2-1-9
[清]《御制避暑山庄三十六景图》——《四面云山》

第十景图为《北枕双峰》。与《四面云山》图一样，此画面同样选择将视觉焦点——北枕双峰亭放在左上角，且亭身被山体和林木遮挡，仅能分辨出四方攒尖亭顶。画面主体为两座山体，中间一条沟壑自左上至右下将画面分割。右下方的山脚下为水面和驳岸石，水面上有石造汀步（图 4-2-1-10）。

第十一景图为《西岭晨霞》。画面中有大面积的湖面，右方有一半岛，临水处游廊向左延伸，连接一座楼阁。该楼三面临水，面阔三间，卷棚歇山顶，前出廊并出抱厦一间，抱厦也为卷棚歇山顶，屋顶较小。左上方为远景山体，右边刻画有浓密的植被（图 4-2-1-11）。

第十二景图为《锤峰落照》。画面左侧的山峰上，建有锤峰落照亭。亭子的造型为四面开敞的歇山卷棚大亭，与河对岸的磬锤峰形成对景。亭子前面为“之”字形的山路，亭子两侧种有松树（图 4-2-1-12）。

图 4-2-1-10
[清]《御制避暑山庄三十六景图》——《北枕双峰》

图 4-2-1-11
[清]《御制避暑山庄三十六景图》——《西岭晨霞》

图 4-2-1-12
[清]《御制避暑山庄三十六景图》——《锤峰落照》

第十三景图为《南山积雪》。画面中大部分为起伏的山地，曲折的磴道上下延伸，山顶为南山积雪亭。该亭位于万树园西北、松云峡谷入口附近北侧山峰上，是北部的观景制高点之一。亭子造型为单檐四方攒尖亭。入冬后，站于亭中看四面山峰平原积雪茫茫，故名南山积雪。画面中亭子下方有一处山地建筑，面阔三间，次间开有槛窗，屋顶为卷棚歇山顶。两侧伸出院墙围合成院落（图 4-2-1-13）。

第十四景图为《梨花伴月》。画面中，梨花伴月建筑群位于右下部的山地缓坡上，建筑布局规整严谨，前后三路两进院落。中路入口门殿面阔三间，其后为面阔五间的永恬居，再往后为素尚斋，斋后为陡坡。门殿、永恬居和素尚斋形成中心轴线。第一进主院开辟有水池，中有平桥；第二进主院筑有假山，院内多种翠竹。两侧为依山层层跌落的爬山游廊，分出右左两路前后两进跨院。院外种植大量的梨花，是重要的赏月赏花之处（图 4-2-1-14）。

第十五景图为《曲水荷香》。画面中心为方形的院落，两侧有回廊围合。院前方是巨大的面阔三间的重檐四角攒尖亭，名为曲水荷香亭。曲水荷香亭建于水渠上，水渠蜿蜒如曲水，应是举行曲水流觞活动的场所（图 4-2-1-15）。

图 4-2-1-13
［清］《御制避暑山庄三十六景图》——《南山积雪》

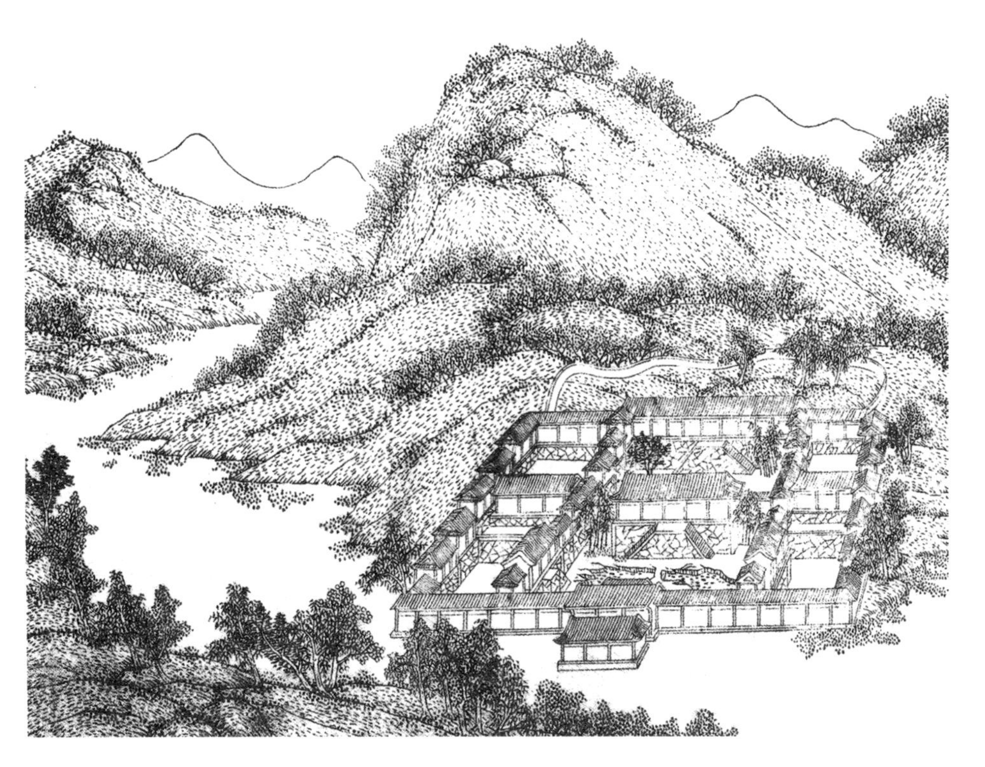

图 4-2-1-14
[清]《御制避暑山庄三十六景图》——《梨花伴月》

图 4-2-1-15
[清]《御制避暑山庄三十六景图》——《曲水荷香》

第十六景图为《风泉清听》。画面主体为两座紧靠在一起的回院，各有自己的入口门殿。右院较大，应为主院，门殿与主殿均面阔五间，两侧有厢房。左院回廊围合，院内并无建筑。这一景描绘的实际为《松鹤清樾》景图中间与左边的建筑回院。右上角山峰上露出一座观景亭（图 4-2-1-16）。

第十七景图为《濠濮间想》。濠濮间想是一座六角亭，位于如意湖边。画面中濠濮间想亭位于构图中心偏右上的位置，面阔有四间，柱间装有槛窗，背景为山体和水边的树林。水面左下方为小岛屿，岛上种有松树、柳树，架有木板桥，与岸边相连（图 4-2-1-17）。

第十八景图为《天宇咸畅》。此景图的焦点是澄湖湖边的金山岛及岛上的建筑群。从图中可看出，金山岛为人工岛，岛壁以虎皮石乱纹砌成。岛上以筑石形成高低错落的地形。左前方较为平坦，地势较低，建有回廊与殿宇，中间的大殿为面阔五间的镜水云岑殿。游廊向右上方向延伸，通向面阔三间的天宇咸畅殿。殿后的高台上建有上帝阁，阁高三层，三层重檐六角攒尖顶。金山岛环岛皆水，右侧与堤岸间隔着一条溪涧，前面水口处架有单孔石拱桥，是岛与岸之间唯一的陆上通道（图 4-2-1-18）。

图 4-2-1-16
［清］《御制避暑山庄三十六景图》——《风泉清听》

图 4-2-1-17
[清]《御制避暑山庄三十六景图》——《濠濮间想》

图 4-2-1-18
[清]《御制避暑山庄三十六景图》——《天宇咸畅》

第十九景图为《暖溜暄波》，景点位于山庄万树园的北部水源处。画面左上部为起伏的山脉。山岭上建有沿着山脊曲折走向的避暑山庄宫墙。两山之间流淌的溪涧是山庄的补水水源，水源来自庄外武烈河，水流汇入湖面。画面下方有一条横向的石渠，石渠左边架有石板桥，中间有一座四角攒尖亭，右边为一座闸门台，台上为暖流暄波水阁。水阁高两层，面阔三间，歇山卷棚顶，台基四周环绕栏杆（图4-2-1-19）。

第二十景图为《泉源石壁》。焦点集中在石渠左首的山崖部，崖壁上刻有“泉源石壁”四字（图4-2-1-20）。

第二十一景图为《清枫绿屿》。画面左部有一座陡峭的山峰，峰顶为北枕双峰亭。山下有一块临水的平坦地，建有一座回院。院前为入口门殿——清枫绿屿殿，面阔三间，门殿前有一座配殿，前方围起篱笆墙，形成入口的小平院。篱笆墙开有月光门洞。主殿为面阔五间的卷棚顶大殿，称为风泉清听殿，前面出廊，一侧伸出耳房，另一侧与观景平台殿相连。该殿东临悬崖，在平台上可俯瞰万树园与湖泊区景观。回院靠山一侧为游廊墙，靠水一侧为漏窗景墙。建筑群四周多种植元宝枫，树叶夏季碧绿，入秋转红（图4-2-1-21）。

图 4-2-1-19
[清]《御制避暑山庄三十六景图》——《暖溜暄波》

图 4-2-1-20
[清]《御制避暑山庄三十六景图》——《泉源石壁》

图 4-2-1-21
[清]《御制避暑山庄三十六景图》——《清枫绿屿》

第二十二景图为《莺啭乔木》。画面的中心为一条自左上至右下的大河，河边有两座建筑遥遥相对。左下方为一座六方形水轩，水轩面阔四间，正面柱间有四扇隔扇门，侧面柱间为槛窗，轩顶为卷棚七脊顶。与水轩隔河相对的为一座水榭，面阔三间，榭顶为卷棚歇山顶，柱间有矮墙围合。水榭后方为起伏的丘陵（图4-2-1-22）。

第二十三景图为《香远益清》。此景与《曲水荷香》场景基本重复。不同之处在于此图增加了曲水荷香亭左边的别院。别院以院墙和长廊围合。院中有池沼，池中种满莲花。入口前殿为五间宽的香远益清殿，后殿为三间宽的紫浮殿，右侧有一座三间宽的小配殿。其他景致与《曲水荷香》大致相同（图4-2-1-23）。

第二十四景图为《金莲映日》。金莲映日位于延薰山馆的西跨院。图中金莲映日楼高两层，面阔五间，卷棚歇山顶，四面回廊。楼前以回廊围合成水院，水院池沼中成片种植金莲花。金莲映日楼三面临湖，湖边植被茂密，湖对岸丘陵起伏蜿蜒至远处（图4-2-1-24）。

图 4-2-1-22
[清]《御制避暑山庄三十六景图》——《莺啭乔木》

图 4-2-1-23
[清]《御制避暑山庄三十六景图》——《香远益清》

图 4-2-1-24
[清]《御制避暑山庄三十六景图》——《金莲映日》

第二十五景图为《远近泉声》。画面前方为建于洲岛上的“田”字状院落，四个院落均以回廊围合，中间有两座建筑。左边建筑为主殿，歇山卷棚顶，面阔三间，前后出廊。右边建筑形制相似，但体量略小。洲岛后方有一小岛，岛上建有一座观瀑亭。该亭体量巨大，四方攒尖顶，面阔、进深三间。亭右边是石崖瀑布，崖上有泉水积成的池塘，应是瀑布和湖面的水源之一。池塘四周有栏杆作为安全围护，池边有一临水建筑。水面分布着大量的莲叶，洲岛边种有较多的柳树（图4-2-1-25）。

第二十六景图为《云帆月舫》。画面的焦点集中在水岸边的一处画舫型建筑上。该建筑高两层，中间为两层游廊，两端连接了朝向呈九十度的建筑物。前部建筑为卷棚歇山顶，面阔进深均三间，中间为出入口，支有帷帐，两边次间立面为槛窗。后部建筑形制相似，但未见出入口。云帆月舫面对湖面，背倚坡地，是一处观水建筑（图4-2-1-26）。

第二十七景图为《芳渚临流》。画面描绘了水口滨岸景观。大面积的水面波光灿烂，水边有一座景亭，重檐四方攒尖顶，亭周围种有数株柳树。亭后为水口，横向有一条长堤，堤下开有泷口可过水，堤后为另一处池沼，水位高于前面的湖面。靠近堤岸处莲叶较多（图4-2-1-27）。

图 4-2-1-25
［清］《御制避暑山庄三十六景图》——《远近泉声》

图 4-2-1-26
[清]《御制避暑山庄三十六景图》——《云帆月舫》

图 4-2-1-27
[清]《御制避暑山庄三十六景图》——《芳渚临流》

第二十八景图为《云容水态》。此景位置在松云峡峡谷入口外。图中峡谷的沟壑中流淌出溪涧，与右下方的河道汇流。汇流处建有简易的木板拱桥。岸边建有云容水态殿，背山面水，面阔五间，悬山卷棚顶。殿右上方的山坡上隐约可见一座楼阁，名为旷观楼，重檐歇山顶，是一座极佳的观景建筑。峡谷入口有一座城关，城关上有小阁楼，下面开辟单孔拱门。后面的坡顶建有一座观景亭（图4-2-1-28）。

第二十九景图为《澄泉绕石》。图中大部分幅面勾勒了梨花峪峡谷和连绵的峰岭，峡谷中流淌着曲折的山泉溪涧。画面右下方为梨花半月建筑群的左半部分（图4-2-1-29）。

第三十景图为《澄波叠翠》。画面中央为横向伸展的水面。前景的焦点集中在一座观水亭上。该亭面阔三间，进深一间，歇山卷棚顶，柱间有矮墙围合。亭两边为隆起的山冈和浓密的花木。河对岸沿着滨岸种有林木，远景为起伏的山体（图4-2-1-30）。

图 4-2-1-28
[清]《御制避暑山庄三十六景图》——《云容水态》

图 4-2-1-29
[清]《御制避暑山庄三十六景图》——《澄泉绕石》

图 4-2-1-30
[清]《御制避暑山庄三十六景图》——《澄波叠翠》

第三十一景图为《石矶观鱼》。画面描绘了滨水驳岸与突出的石矶，以及突出的悬崖。在临水处有一石砌平台，上面建有三开间的亭子。该亭为卷棚悬山顶，进深一间，两次间的柱间有矮墙围合。岸边有大量的莲叶（图4-2-1-31）。

第三十二景图《镜水云岑》，所刻画的对象为金山岛，角度转换到镜水云岑殿的正面（图4-2-1-32）。

第三十三景图为《双湖夹镜》。此景图描绘山中诸泉水汇成的溪流，从堤下排放至湖中。画面左边为沿着山脚蜿蜒流淌的溪流。溪流在画面左下角折向右边，流经一座堤坝，水面变宽。堤坝为石砌，坝身上有栏杆，坝中间开有通水孔，入口处建有一座牌坊。右边岸上建有一座五开间建筑，并设置有一座船坞（图4-2-1-33）。

图 4-2-1-31
[清]《御制避暑山庄三十六景图》——《石矶观鱼》

图 4-2-1-32
[清]《御制避暑山庄三十六景图》——《镜水云岑》

图 4-2-1-33
[清]《御制避暑山庄三十六景图》——《双湖夹镜》

第三十四景图为《长虹饮练》，实际是《双湖夹镜》的另一面。因视点变化，牌坊左后方的水边可看到有一座观水亭。水边多有莲叶以及芦苇（图4-2-1-34）。

第三十五景图为《莆田丛樾》。莆田丛樾为重檐六角攒尖亭，体量较大，位于如意湖北岸。图中，莆田丛樾亭背后为树林地，前面为河岸，左侧有篱笆墙围合的院落。墙中间建有一座三开间门厅。篱笆院前面有一座木拱桥，与前面的洲岛相接（图4-2-1-35）。

第三十六景图为《水流云在》。与莆田丛樾一样，水流云在也是建造在如意湖北岸的观景亭。图中水流云在亭位于画面右部，造型为四方攒尖亭，面阔进深均为三间，四面各接抱厦一间。抱厦均为面阔、进深一间，歇山卷棚顶，正面柱间为隔扇门，侧墙为槛窗。水流云在亭后面为树林地，左边有一条溪流，前方为水面。溪流上建设有木板桥，对岸有一处建筑群，最左侧有一座船坞（图4-2-1-36）。

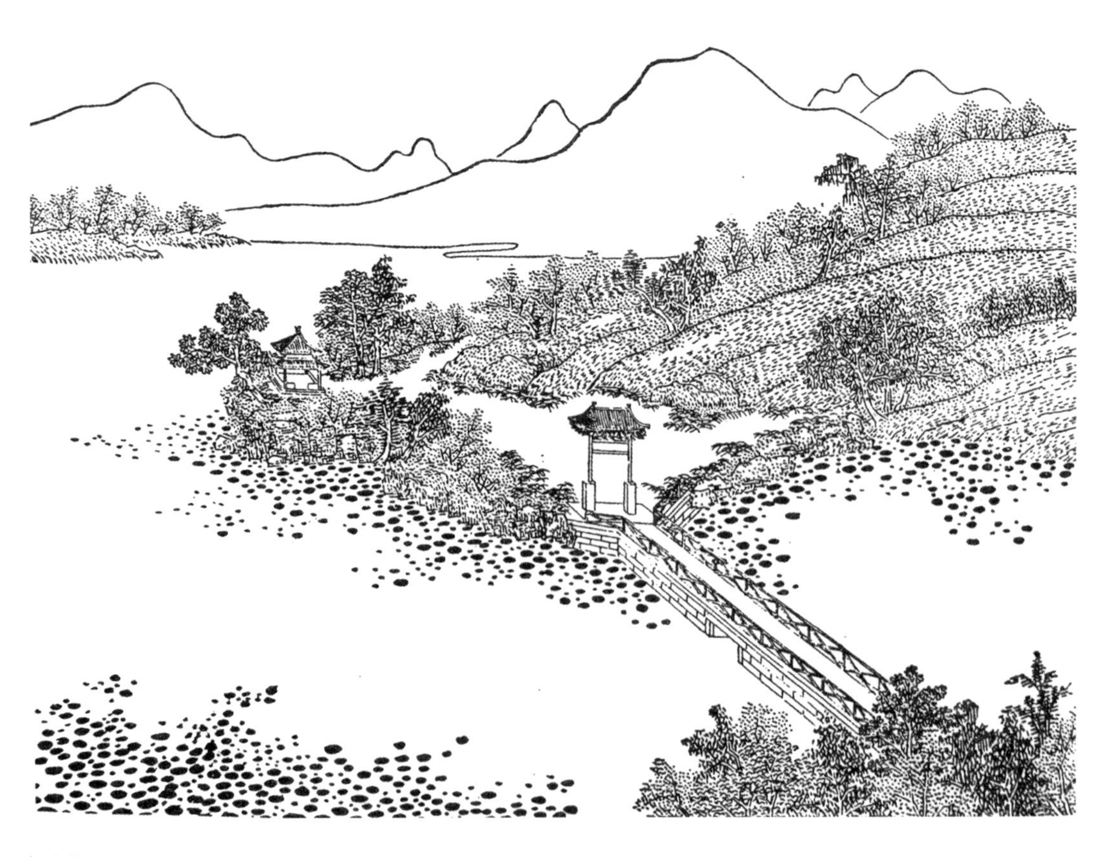

图 4-2-1-34
[清]《御制避暑山庄三十六景图》——《长虹饮练》

图 4-2-1-35
[清]《御制避暑山庄三十六景图》——《莆田丛樾》

图 4-2-1-36
[清]《御制避暑山庄三十六景图》——《水流云在》

避暑山庄作为清廷最重要的离宫御苑，拥有完整的宫廷区和苑林区。宫廷区的建筑功能和形制与其他离宫御苑一样，建筑等级较高，采用多路多进轴线对称格局。《御制避暑山庄三十六景图》以康熙帝所定三十六景为主题，这三十六景基本位于苑林区，建筑功能以休闲、游憩、观景、读书为主。

从各个景图的建筑图像上看，苑林区建筑类型多样，包括殿、楼、阁、亭、榭等类型。殿是主要的议事、居住与活动空间，主殿以五开间、七开间为主，门殿以三开间为主。主殿前往往以回廊围合成方院，采用中轴对称格局，院落多的往往在前后方向形成多进院落，或者左右形成跨院布局，这与皇家宫殿布局类似。避暑山庄主入口处有正宫建筑群，是清帝处理政事和生活就寝的区域，其中前朝区正殿为淡泊敬诚殿，后寝区正殿为烟波致爽殿。《御制避暑山庄三十六景图》并未包括前朝区的建筑图像。《烟波致爽》一图中所描绘的为后寝区正殿格局。第六景图《万壑松风》中的建筑群属于后宫居住区的最后一进院落。从图中可看出，后寝区图像中的建筑群均呈现中轴对称、规整严谨的布局特点。

苑林区的楼阁主要布置在水边视野开阔处，登楼可观赏湖光山色。图中的楼包括云山胜地楼、水芳岩秀楼、西岭晨霞楼和金莲映日楼。云山胜地楼、水芳岩秀楼都布置在合院的最后一进，西岭晨霞楼布置在突出湖面的平台上，金莲映日楼面朝水院。楼顶一般采用歇山顶，面阔均为五间，前后出廊或者四面回廊，以利于观景。西岭晨霞楼前出抱厦的做法是康熙时期避暑山庄内楼阁的孤例。

阁包括上帝阁和暖流暄波水阁。上帝阁是金山岛的制高点，三层重檐，平面为六边形，具有收藏和观景的功能。水阁是架于水上的建筑，主要用于观赏流水，在江南园林中多见。暖流暄波水阁处于山庄补水水渠的堤上，此处不仅泉水汹涌，外来的山涧水也激流澎湃，形成灵动的水景。

图中的亭子非常多，其中《四面云山》《北枕双峰》《锤峰落照》《南山积雪》《曲水荷香》《濠濮间想》《莺啭乔木》《芳渚临流》《澄波叠翠》《石矶观鱼》《莆田丛樾》和《水流云在》共十二张景图以亭为画面中心或者视觉焦点，亭名即景点的名称。《烟波致爽》《芝径云堤》《延薰山馆》《水芳岩秀》《松鹤清樾》等一共十五张景图中完全没有亭子形象，另外有九张景图，亭子作为配景要素出现。亭子的位置可分为两类。一类位于山巅，如北枕双峰亭、南山积雪亭、四面云山亭、锤峰落照亭等，能够俯瞰风景。另一类位于水边或者水中，以观赏水景、瀑布、水生植物为主要功能，如濠濮间想亭、莺啭乔木亭、芳渚临流亭建于湖边，作为游览休憩和观赏湖景的场所。泉源石壁亭架在水渠上，用于欣赏流水。湖心岛上的远近泉声亭以观赏瀑布、聆听泉水为主要功能。石矶观鱼亭以赏荷花、观赏游鱼为主要功能。曲水荷香亭以从事曲水流觞活动为主要功能。

图中亭子造型较为多样化，包括重檐亭、攒尖亭、六边亭、四柱亭、矩形亭等，从材料上分有木亭与石亭。建于水边的亭子基本上体量较大，以石亭为主。较为典型的为远近泉声亭，各面均为三开间，亭内空间充足，造型上充分体现了北方园林建筑敦厚、朴实、厚重的风格特色。建于山上的亭子体量较为纤细，多为四柱亭。曲水荷香亭、芳渚临流亭、莆田丛樾亭、水流云在亭均为重檐亭顶，是亭子中造型较为复杂、等级较高的类型。其中水流云在

亭四面接抱厦，此造型在园林中非常罕见。

避暑山庄中的一些亭子，由于体量大、立柱多，造型实际接近于阁和榭。如莆田丛樾亭和水流云在亭，柱间有槛窗围合，类似于江南园林中的阁。石矶观鱼亭、澄波叠翠亭均为歇山顶，面阔三间，进深一间，面水而建，这种矩形亭的造型类似于南方园林中的水榭。

《御制避暑山庄三十六景图》中基本看不到园林置石的做法，这很有可能是因为视点较远，而置石一般是视角较近才看得清，也可能是因为置石并非作者要表达的内容。几乎所有的景图都以山体为背景，这提示了避暑山庄的景观特征，即周围多山，且园内也有很大一部分山岳区。在景点的营造和选择上，营造者非常注意山岳轮廓线的走向与建筑的关系。避暑山庄山岳区位于西侧，山头相对高度在50米至150米之间，山体连绵起伏，峰峦层叠，林木葱郁，姿态雄伟古朴。山谷间多有沟壑，谷沟基本为西北—东南走向，自南往北依次为大小榛子峪、梨树峪、松云峡。悬崖峭壁较少。避暑山庄作为自然山水宫苑，康熙在营造时，尽量避免建筑物对自然山川的破坏，因山就势营造建筑物和构筑物。

图中人造石砌驳岸多采用乱纹拼贴或者自然形垒石，一些纹理较为明显的驳岸石，纹线较直，显示石质坚硬且脆，应是黄石、青石等石材。景图中未发现园林中的常用石材太湖石，这说明康熙时期的避暑山庄中太湖石的应用较少，园林的营建比较朴素。

避暑山庄水源丰富，庄内有山泉、热泉等地下水，外面有武烈河，因此在山庄内形成了大面积的湖面。水体不仅是避暑山庄的主要景观要素，也是避暑山庄的景观特色所在。所有的景图都有水体，这些水体包括如意湖、澄湖、镜湖、上湖、下湖等。水体的形态全部为自然形，水系被洲、岛、堤划分，形成变化丰富的岸线。

作为自然山水式宫苑，避暑山庄的植被极为丰富，丰富的植被景观是避暑山庄的景观特色之一。从图中可以明确辨识的有竹子、芦苇、荷花、睡莲、柳树、松树、梨树、枫树等。由于版画的材质局限，另外有大量的植被难以从图像中辨识其种类。在配置方式上，景图中显示植被全部采用自然式种植方式，包括孤植、丛植、片植、散植四种方式。如建筑前的空地上或者岸边的开阔地中，往往采用孤植的手法，栽种一株树形较好、较为高大的树，成为视觉的焦点。《远近泉声》图中的孤岛上有孤植的柳树，成为赏景的焦点。在建筑后的背景中，往往采用丛植衬托出建筑的轮廓，同时也提示空间的界限。一些植物如水边的芦苇、竹子，必须采用丛植的方式才能突出植被的效果。片植是成片密集地种植同一种植被，形成大面积的效果。代表性的片植出现在《金莲映日》一图中，图中水院中成片密集种植了金莲花，成为避暑山庄中独特的景观。散植是较为随意地种植，多出现在山坡上、溪谷边，人工修剪的成本低，有浑然天成的特点，是自然式山水园林主要的种植方式。

景图的命名是景观意境的提炼与表达。在三十六张景图中，《梨花伴月》《曲水荷香》《松鹤清樾》《万壑松风》《清枫绿屿》《金莲映日》这六张图像的名称与植被直接相关。景图名称提示了梨花树、荷花、松树、枫树和金莲花是这六处景点的主要观赏性植被种类，也表达了这五种植被构成了赏景的主体对象，体现了场所景观的特质所在。

康熙五十二年（1713），意大利传教士马里奥·里帕（Matteo Ripa）以木版画为底稿，镌刻了同等尺寸的铜版画，并搭配王曾期所书康熙题诗和景点记述，印制成《御制避暑山庄三十六景诗图》。[①]

康熙年间，除了沈嵛所创作的画稿外，还有王原祁所绘的《避暑山庄三十六景》。该画册最迟于康熙五十四年（1715）完成，笺本彩画，画上有康熙御诗，画幅为25.6厘米×28.7厘米。

乾隆多次诏命宫廷画师创作避暑山庄图像，均以康熙所定的三十六景为基本内容。乾隆四年（1739），内阁学士张若霭以白描手法绘有四册绢本的《避暑山庄图》。乾隆时期户部主事张宗苍绘制水墨画三十六福，画幅为31厘米×30厘米，配以乾隆的五言诗，以左图右文的形式刊印成《避暑山庄三十六景图咏》。同年，宫廷画师方琮绘制三十六幅纸本设色画，配以于敏中所书的康熙题诗，合成一册《御制避暑山庄三十六景诗》。励宗万也绘有纸本《御制避暑山庄诗图》，共四册，录有康熙和乾隆的题诗。

乾隆时期对避暑山庄屡有改建和增建。乾隆十九年（1754），乾隆以三字为名新题了三十六景名。当年，刑部侍郎钱维城以乾隆所题三十六景为对象，绘制了设色水墨画共计三十六幅，配合乾隆御制诗刊成《御制避暑山庄再题三十六景诗》两册，并与乾隆十七年钱维城所绘《御制避暑山庄旧题三十六景诗》合称《避暑山庄七十二景诗》，共计四册，每本十八张景图，画幅为26.5厘米×30.5厘米。[②]

《避暑山庄七十二景诗》中的园林图像共计七十二幅，除了原来康熙三十六景图之外（图4-2-2-1~图4-2-2-36），新增的图像为乾隆三十六景图（图4-2-2-37~图4-2-2-72），分别为：《丽正门》《勤政殿》《松鹤斋》《如意湖》《青雀舫》《绮望楼》《驯鹿坡》《水心榭》《颐志堂》《畅远台》《静好堂》《冷香亭》《采菱渡》《观莲所》《清晖亭》《般若相》《沧浪屿》《一片云》《蘋香泮》《万树园》《试马埭》《嘉树轩》《乐成阁》《宿云檐》《澄观斋》《翠云岩》《罨画窗》《凌太虚》《千尺雪》《宁静斋》《玉琴轩》《临芳墅》《知鱼矶》《涌翠岩》《素尚斋》《永恬居》。

① 中国建筑工业出版社：《避暑山庄三十六景诗图》，北京：中国建筑工业出版社，2009 年。
② 《避暑山庄七十二景》编委会：《避暑山庄七十二景》，北京：地质出版社，1993 年。

图 4-2-2-1
[清] 钱维城《避暑山庄七十二景诗》——《烟波致爽》

图 4-2-2-2
[清] 钱维城《避暑山庄七十二景诗》——《芝径云堤》

图 4-2-2-3
[清]钱维城《避暑山庄七十二景诗》——《无暑清凉》

图 4-2-2-4
[清]钱维城《避暑山庄七十二景诗》——《延薰山馆》

图 4-2-2-5
[清]钱维城《避暑山庄七十二景诗》——《水芳岩秀》

图 4-2-2-6
[清]钱维城《避暑山庄七十二景诗》——《万壑松风》

图 4-2-2-7
[清]钱维城《避暑山庄七十二景诗》——《松鹤清樾》

图 4-2-2-8
[清]钱维城《避暑山庄七十二景诗》——《云山胜地》

图 4-2-2-9
[清]钱维城《避暑山庄七十二景诗》——《四面云山》

图 4-2-2-10
[清]钱维城《避暑山庄七十二景诗》——《北枕双峰》

图 4-2-2-11
[清]钱维城《避暑山庄七十二景诗》——《西岭晨霞》

图 4-2-2-12
[清]钱维城《避暑山庄七十二景诗》——《锤峰落照》

图 4-2-2-13
[清] 钱维城《避暑山庄七十二景诗》——《南山积雪》

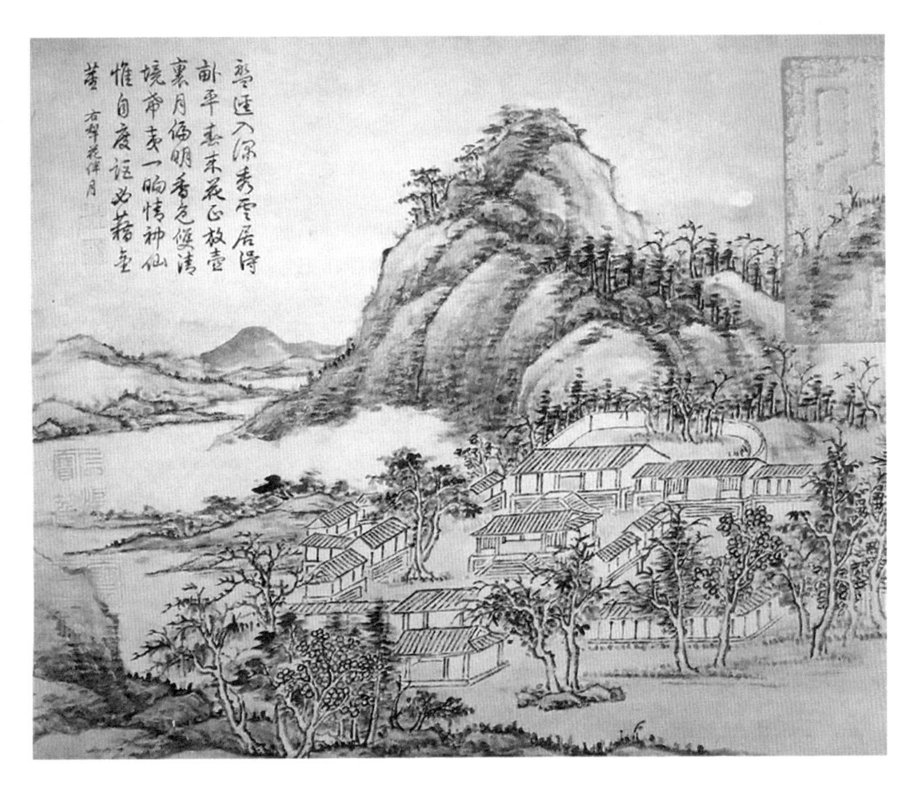

图 4-2-2-14
[清] 钱维城《避暑山庄七十二景诗》——《梨花伴月》

图 4-2-2-15
［清］钱维城《避暑山庄七十二景诗》——《曲水荷香》

图 4-2-2-16
［清］钱维城《避暑山庄七十二景诗》——《风泉清听》

图 4-2-2-17
[清]钱维城《避暑山庄七十二景诗》——《濠濮间想》

图 4-2-2-18
[清]钱维城《避暑山庄七十二景诗》——《天宇咸畅》

图 4-2-2-19
[清]钱维城《避暑山庄七十二景诗》——《暖溜暄波》

图 4-2-2-20
[清]钱维城《避暑山庄七十二景诗》——《泉源石壁》

图 4-2-2-21
[清]钱维城《避暑山庄七十二景诗》——《清枫绿屿》

图 4-2-2-22
[清]钱维城《避暑山庄七十二景诗》——《莺啭乔木》

图 4-2-2-23
[清]钱维城《避暑山庄七十二景诗》——《双湖夹镜》

图 4-2-2-24
[清]钱维城《避暑山庄七十二景诗》——《金莲映日》

图 4-2-2-25
[清]钱维城《避暑山庄七十二景诗》——《远近泉声》

图 4-2-2-26
[清]钱维城《避暑山庄七十二景诗》——《云帆月舫》

图 4-2-2-27
[清]钱维城《避暑山庄七十二景诗》——《芳渚临流》

图 4-2-2-28
[清]钱维城《避暑山庄七十二景诗》——《云容水态》

图 4-2-2-29
[清]钱维城《避暑山庄七十二景诗》——《澄泉绕石》

图 4-2-2-30
[清]钱维城《避暑山庄七十二景诗》——《澄波叠翠》

图 4-2-2-31
[清]钱维城《避暑山庄七十二景诗》——《石矶观鱼》

图 4-2-2-32
[清]钱维城《避暑山庄七十二景诗》——《镜水云岑》

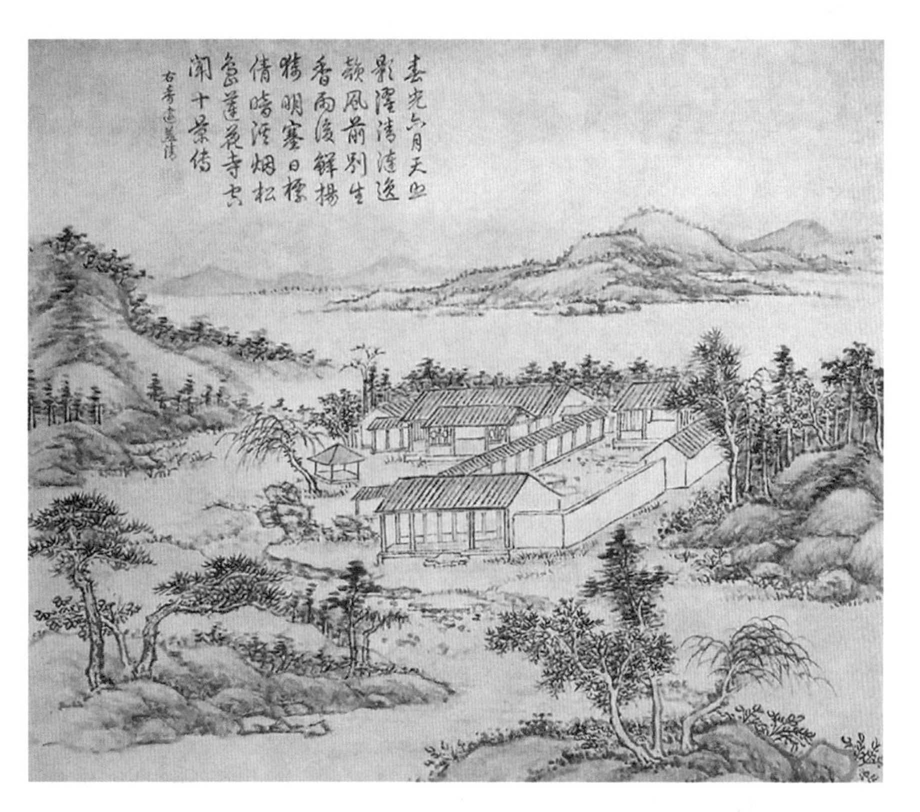

图 4-2-2-33
［清］钱维城《避暑山庄七十二景诗》——《香远益清》

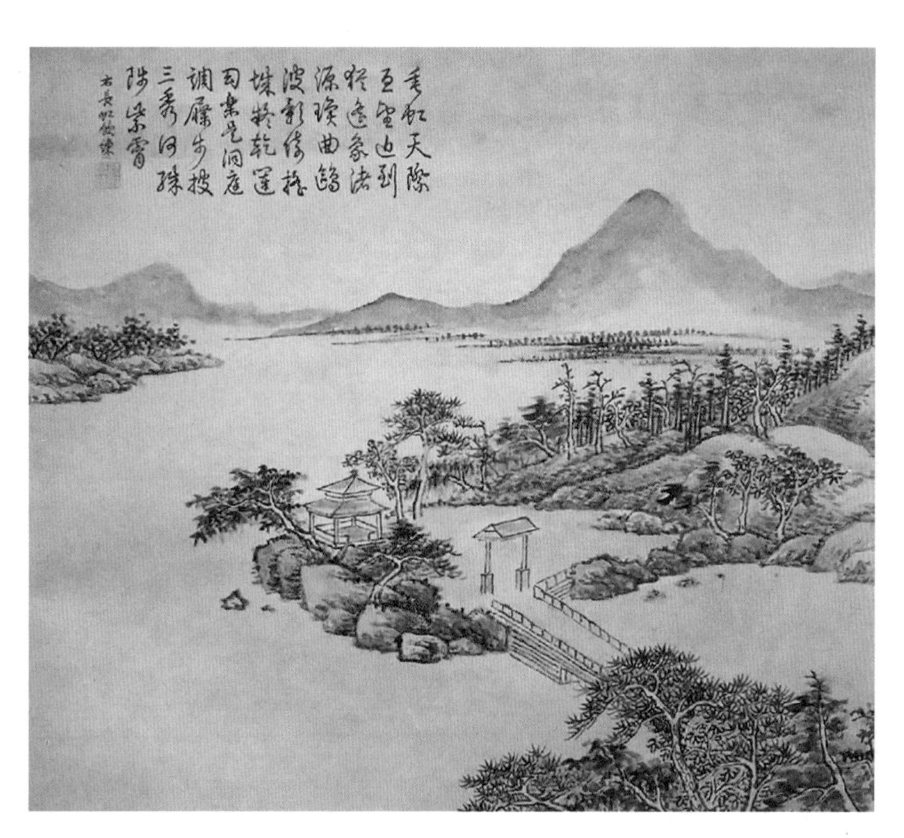

图 4-2-2-34
［清］钱维城《避暑山庄七十二景诗》——《长虹饮练》

图 4-2-2-35
[清] 钱维城《避暑山庄七十二景诗》——《莆田丛樾》

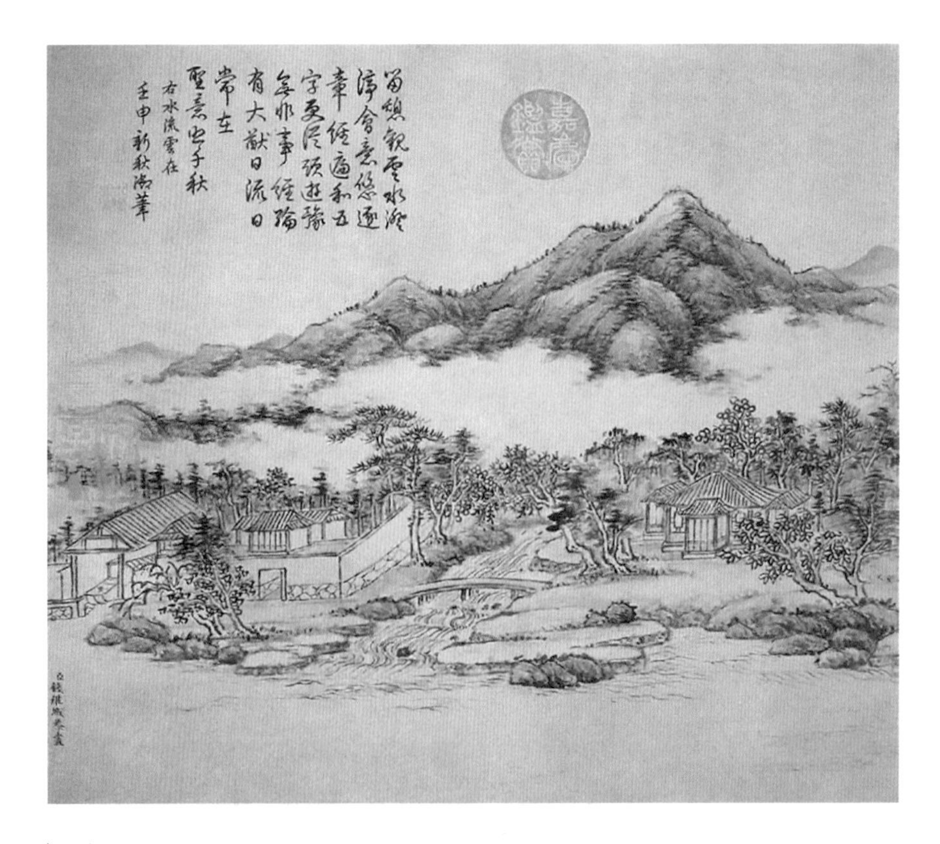

图 4-2-2-36
[清] 钱维城《避暑山庄七十二景诗》——《水流云在》

丽正门为避暑山庄正门，位于山庄南端。《丽正门》图中，丽正门开有三个门洞，两侧延伸出宫墙，墙上有垛口。入口对面为照壁。上有城楼，面阔五间（图4-2-2-37）。

勤政殿是东宫内的前殿，位于松鹤斋东侧，建于乾隆十九年，是皇帝接见臣僚、办理政务之处。《勤政殿》一图中，整个建筑群呈合院布局，四周坡冈环绕。勤政殿面阔五楹，歇山顶（图4-2-2-38）。

松鹤斋位于山庄正宫区域东侧，是宫妃居住的场所，建于乾隆十四年。《松鹤斋》一图中，松鹤斋呈现前后两重合院布局，四周宫墙环绕，宫墙外侧山坡上种满了松树。入口前方建有一座面阔三间的前殿。前院主殿松鹤斋面阔七间，是皇太后寝宫。后院主殿为万壑松风殿，建于高大的台基上（图4-2-2-39）。

如意湖为山庄内较大的湖泊。《如意湖》一图中，并未有浩瀚的湖面。水面呈狭长形，中间有一条状的洲岛，岛上建有殿宇，面阔七间，前出抱厦三间。后方岸边有一座回院（图4-2-2-40）。

《青雀舫》一图中，湖心有一座洲岛，岛上老树盘根，青雀舫停靠在岛岸边。以青雀舫为型画舫御船，船舱两侧为雕花窗，舱头立柱支撑一座平台，上下两层均有雕栏围合（图4-2-2-41）。

图 4-2-2-37

[清]钱维城《避暑山庄七十二景诗》——《丽正门》

图 4-2-2-38
[清]钱维城《避暑山庄七十二景诗》——《勤政殿》

图 4-2-2-39
[清]钱维城《避暑山庄七十二景诗》——《松鹤斋》

图 4-2-2-40
[清]钱维城《避暑山庄七十二景诗》——《如意湖》

图 4-2-2-41
[清]钱维城《避暑山庄七十二景诗》——《青雀舫》

绮望楼位于避暑山庄南部，丽正门西南，为山庄内赏景之处。《绮望楼》一图中，楼址位于山坡上，前方有曲折的磴道联系上下，后侧可见宫墙。绮望楼为合院布局，前后两栋皆为歇山顶、两层高的楼，左右配殿较为低矮。前楼面阔三间，后楼面阔九间，二层挑出前廊，院内有丰富的植被与假山置石（图4-2-2-42）。

驯鹿坡位于山庄正宫区后门以北，榛子峪沟口北坡。《驯鹿坡》一图中，坡上种满了松树，树间有众多的鹿在觅食、踱步。远处山岭起伏，可见正宫区的楼阁殿宇（图4-2-2-43）。

水心榭位于银湖与下湖之间的堤桥上。《水心榭》一图中，一座堤桥横跨水面，堤上有三座建筑。中间为四面开敞的重檐卷棚歇山顶四方亭榭，两侧为重檐四角攒尖顶亭榭。两端桥头各有一座牌坊（图4-2-2-44）。

图 4-2-2-42
［清］钱维城《避暑山庄七十二景诗》——《绮望楼》

图 4-2-2-43
[清] 钱维城《避暑山庄七十二景诗》——《驯鹿坡》

图 4-2-2-44
[清] 钱维城《避暑山庄七十二景诗》——《水心榭》

颐志堂位于清舒山馆建筑群内。《颐志堂》图中，建筑群位于湖边。颐志堂面阔五间，悬山顶，面水而建。堂前的护岸上砌有围栏。堂后有数栋建筑，形成合院布局（图4-2-2-45）。

畅远台位于镜湖岸边，清舒山馆东侧。图中，台阁建于岸边石基之上，建筑高两层，歇山顶，二层较为通透，墙壁开镂空圆窗。后侧与一座九楹卷棚顶长屋相连（图4-2-2-46）。

静好堂也位于清舒山馆以北。《静好堂》图中，建筑群位于画面左下部，靠近镜湖。建筑群呈合院布局，正殿静好堂面阔五间，后面为两层高的澄霁楼。院内有假山置石，竹木参天（图4-2-2-47）。

图 4-2-2-45
［清］钱维城《避暑山庄七十二景诗》——《颐志堂》

图 4-2-2-46
[清] 钱维城《避暑山庄七十二景诗》——《畅远台》

图 4-2-2-47
[清] 钱维城《避暑山庄七十二景诗》——《静好堂》

冷香亭位于澄湖东岸、月色江声建筑群西南，是皇帝赏荷花之处。《冷香亭》图中，亭顶为卷棚歇山顶，临水而建，通过游廊与月色江声门殿相通（图4-2-2-48）。

采菱渡位于芝英洲（又称为环碧岛）西北角，是一座草亭，三面环湖，从亭中可以观赏水中种植的大片红菱。《采菱渡》一图中，采菱渡的造型为圆顶草亭，亭后有游廊通向殿宇围合的合院（图4-2-2-49）。

观莲所位于如意洲延薰山馆西南，是一处欣赏莲花的临水景亭。《观莲所》一图中，该亭位于洲头，面阔、进深均三间，亭前有台阶深入水面。亭侧延伸出曲尺形游廊，与金莲映日殿小院相连（图4-2-2-50）。

图 4-2-2-48
［清］钱维城《避暑山庄七十二景诗》——《冷香亭》

图 4-2-2-49
[清]钱维城《避暑山庄七十二景诗》——《采菱渡》

图 4-2-2-50
[清]钱维城《避暑山庄七十二景诗》——《观莲所》

清晖亭是如意洲东北的一座景亭。《清晖亭》一图中，其造型为四柱攒尖亭，矗立于岸边，四周树木葱郁，亭前水波涔涔（图4-2-2-51）。

般若相又名法林寺，是避暑山庄内的一座小型寺院，位于如意洲东南端。《般若相》一图中，寺院建筑呈回字形，处于山冈环抱之中。入口为垂花门，卷棚勾连搭屋顶。两侧为配殿，院后为正殿，是皇帝等在山庄居住之时的拜佛之所（图4-2-2-52）。

沧浪屿是如意洲西北角的一处园林，名称仿照苏州宋代名园沧浪亭。《沧浪屿》图中，画面中心是姿态奇特的巨大假山，山前环绕着池沼，左侧水口旁的平地上建有一座面阔三间的亭子，亭后是围墙。山另一侧的池边建有面阔五楹的堂宇，前面出廊（图4-2-2-53）。

图 4-2-2-51

［清］钱维城《避暑山庄七十二景诗》——《清晖亭》

图 4-2-2-52
[清]钱维城《避暑山庄七十二景诗》——《般若相》

图 4-2-2-53
[清]钱维城《避暑山庄七十二景诗》——《沧浪屿》

一片云位于如意洲北部，是山庄内听戏看戏的场所。《一片云》图中，建筑群处于山冈环绕之中，四周有院墙围合。入口为垂花门，内部建筑分为两路。东路前后三进，西路前后两进（图4-2-2-54）。

蘋香沜位于澄湖东北岸，是一处合院式建筑群。《蘋香沜》图中，前方驳岸上建有月洞门，门后为合院。前殿面阔三间，两侧伸出隔墙。院中间是一座巨大的四方攒尖亭。较远处隐约可见垂花门（图4-2-2-55）。

万树园位于山庄东北部，地势平坦，林木葱郁，一片原野景色。康熙、乾隆年间，万树园上设置蒙古包，成为接见招待蒙古、西藏等王公贵族和外国使臣，以及观看烟火、摔跤、杂耍、马术的场所（图4-2-2-56）。

图 4-2-2-54
［清］钱维城《避暑山庄七十二景诗》——《一片云》

图 4-2-2-55
[清]钱维城《避暑山庄七十二景诗》——《蘋香沜》

图 4-2-2-56
[清]钱维城《避暑山庄七十二景诗》——《万树园》

试马埭位于万树园西南，是皇帝考察骑射技艺、进行军事操演的场所。《试马埭》图中，林木葱郁，树林之中可见多匹骏马，或在奔跑嬉戏，或在吃草（图4-2-2-57）。

嘉树轩位于万树园东部。此处多古树名木，林木成荫。《嘉树轩》图中，画面中心有云雾遮挡的高台与重檐殿顶。台前方为嘉树轩，建于乾隆十八年。轩面阔三间，单檐歇山顶，是一处用于欣赏古树美景的建筑（图4-2-2-58）。

乐成阁位于永佑寺东北。《乐成阁》一图中，阁高两层，三重檐，攒尖顶，面阔、进深均为五间，平面呈方形。乐成阁紧靠宫墙，宫墙外侧有环溪，溪外为成片的田野，登阁可俯瞰宫墙外的田园风光（图4-2-2-59）。

图 4-2-2-57
[清]钱维城《避暑山庄七十二景诗》——《试马埭》

图 4-2-2-58
[清]钱维城《避暑山庄七十二景诗》——《嘉树轩》

图 4-2-2-59
[清]钱维城《避暑山庄七十二景诗》——《乐成阁》

宿云檐位于山庄东北部。《宿云檐》图中，主建筑宿云檐建于坡冈上的高台基上，面阔五间，歇山顶，一侧伸出曲尺状廊庑，与前面的院墙围合成方形院落。因地势较高，是山庄东北角的观景点，其北侧为高耸的坡冈与蜿蜒的宫墙，向南可俯瞰平原湖洲景色（图4-2-2-60）。

澄观斋位于宿云檐以西，是一处书院建筑群。《澄观斋》一图中，整个建筑群背倚坡冈，处于山坡中的平台上，前后分为两进院落。入口为垂花门，门后第一进院落两侧各建有一座配殿。第二进院落面积较大，院北主建筑面阔五间，卷棚歇山顶，背北朝南。院西为翠云亭，六边攒尖顶（图4-2-2-61）。

翠云岩位于澄观斋后，背倚石崖峭壁，是一处观赏山景的场所。《翠云岩》图中，主建筑为一座歇山顶、面阔三间的敞轩，两侧伸出廊庑，与门殿围合成方院。东侧依山建有高台，台上是一座面阔五楹的屋宇（图4-2-2-62）。

图 4-2-2-60
[清]钱维城《避暑山庄七十二景诗》——《宿云檐》

图 4-2-2-61
[清]钱维城《避暑山庄七十二景诗》——《澄观斋》

图 4-2-2-62
[清]钱维城《避暑山庄七十二景诗》——《翠云岩》

罨画窗是清枫绿屿建筑群中的一座配殿，靠近入口，临崖而立。《罨画窗》图中，该殿面阔三间，壁上开窗，透窗可欣赏如画一般的山景。康熙题名为《霞标》，乾隆题《罨画窗》（图4-2-2-63）。

凌太虚位于松云峡谷口、旷观楼以西，是一座景亭。《凌太虚》一图中，该亭位于画面右上部的石砌台基上，造型为四方攒尖亭。亭下方是一处合院建筑群，应为清溪远流建筑群（图4-2-2-64）。

千尺雪位于山庄北部，模仿苏州寒山千尺雪瀑布景观意境而建。《千尺雪》图中，主殿面阔五间，位于山口平台上，殿宇旁边有大量的置石，形成复杂的假山结构，姿态万千，水流自石间泻下，汇入山下的溪流，形成激流峡谷景观（图4-2-2-65）。

图 4-2-2-63
［清］钱维城《避暑山庄七十二景诗》——《罨画窗》

图 4-2-2-64
[清]钱维城《避暑山庄七十二景诗》——《凌太虚》

图 4-2-2-65
[清]钱维城《避暑山庄七十二景诗》——《千尺雪》

宁静斋位于万树园西部、千尺雪北，依山而建。《宁静斋》图中，建筑群呈回字形，四周廊庑围合。宁静斋位于院中，是一座面阔三楹、歇山顶的殿宇。其后侧是清敞楼，高两层，悬山卷棚顶。四周青山翠嶂，满目苍绿，是一处修身静养的场所（图4-2-2-66）。

玉琴轩位于曲水荷香与文津阁之间。《玉琴轩》图中，前方为曲水荷香亭，亭后是一座廊庑围合的方院，玉琴轩位于两株松树之间，为一座五开间殿宇，前出抱厦三间。左侧为溪流，水声涔涔（图4-2-2-67）。

临芳墅是如意湖西北岸边的一处建筑群。《临芳墅》一图中，前殿面阔五间，其后侧有三重殿宇，四周以隔墙和廊庑围合。前方洲岛上为水流云在景点。此处是水流汇集之处，花草繁茂，香气弥漫，湖水清澈，故名临芳墅（图4-2-2-68）。

图 4-2-2-66

[清]钱维城《避暑山庄七十二景诗》——《宁静斋》

图 4-2-2-67
[清] 钱维城《避暑山庄七十二景诗》——《玉琴轩》

图 4-2-2-68
[清] 钱维城《避暑山庄七十二景诗》——《临芳墅》

知鱼矶位于临芳墅前。图中，石矶伸出曲折的湖岸，既是观景之处，又是临湖垂钓之所。岸前有拱桥架于水上，岸边平坦处建有一处合院式建筑群。建筑群临湖侧为敞廊，适于观景（图4-2-2-69）。

涌翠岩位于梨树峪口南，是一处山岩绿泉景观。图中，谷口幽深，山岩之间建有多座小殿和景亭，山岩之下松树苍翠（图4-2-2-70）。

素尚斋位于梨花峪北山上，是梨花伴月建筑群的后殿。《素尚斋》一图中，斋建于石砌台基上，面阔九间，两侧伸出廊庑与前殿相通（图4-2-2-71）。永恬居面阔五间，为梨花伴月建筑群的正殿（图4-2-2-72）。

图 4-2-2-69
［清］钱维城《避暑山庄七十二景诗》——《知鱼矶》

图 4-2-2-70
[清]钱维城《避暑山庄七十二景诗》——《涌翠岩》

图 4-2-2-71
[清]钱维城《避暑山庄七十二景诗》——《素尚斋》

图 4-2-2-72
［清］钱维城《避暑山庄七十二景诗》——《永恬居》

除了多页景图形式的画作以外，如意馆画师冷枚[①]作有立轴画《避暑山庄图》。该图轴为绢本设色画，高254.8厘米，横172.5厘米，工笔山水风格，笔法细腻。冷枚以鸟瞰的视点全景式地描绘了避暑山庄景观，对于山石、建筑、树木等细节处理较为严谨，并吸取了透视画法，使得画面有很强的立体感（图4-2-3）。

① 冷枚为宫廷如意馆画师，康熙年间进入宫廷供职，擅长山水、花鸟、人物，造型准确严谨，构图有透视章法，描绘精微细致。

图 4-2-3
[清]冷枚《避暑山庄图》

由和珅、梁国治编纂，乾隆四十六年（1781）武英殿刊刻的《钦定热河志》中收录了《丽正门》《勤政殿》《松鹤斋》《如意湖》《青雀舫》《绮望楼》《驯鹿坡》《水心榭》《颐志堂》《畅远堂》《静好堂》《冷香亭》《采菱渡》《观莲所》《清晖亭》《般若相》《沧浪屿》《一片云》《蘋香沜》《万树园》《试马埭》《嘉树轩》《乐成阁》《宿云檐》《澄观斋》《翠云岩》《罨画窗》《凌太虚》《千尺雪》《宁静斋》《玉琴轩》《临芳墅》《素尚斋》《永恬居》《淡泊敬诚》《清舒山馆》《戒得堂》《春好轩》《静寄山房》《烟雨楼》《绿云楼》《创得斋》《观瀑亭》《食蔗居》《敞晴斋》《秀起堂》《静含太古山房》《有真意轩》《碧静堂》《含青斋》《玉岑精舍》《文津阁》《宜照斋》《文园狮子林》等五十四幅避暑山庄建筑风景图像（图4-2-4-1~图4-2-4-54）。

其中，《淡泊敬诚》《清舒山馆》《戒得堂》《春好轩》《静寄山房》《烟雨楼》《绿云楼》《创得斋》《观瀑亭》《食蔗居》《敞晴斋》《秀起堂》《静含太古山房》《有真意轩》《碧静堂》《含青斋》《玉岑精舍》《文津阁》《宜照斋》《文园狮子林》等属于新增加园林图像。

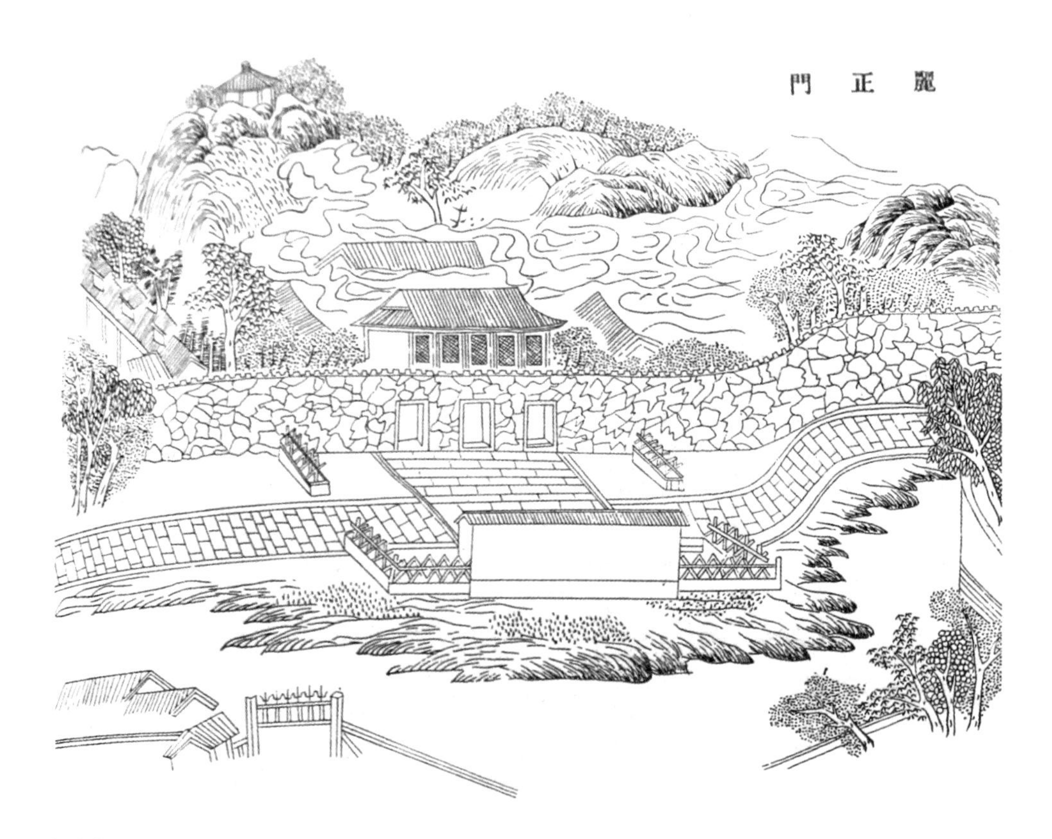

图 4-2-4-1
[清]《钦定热河志》——《丽正门》

淡泊敬诚为正宫的主殿，是皇帝处理朝政、接见朝臣使臣、举行仪式的场所。《淡泊敬诚》一图中，前方为丽正门，门内为正宫区。其中的主殿淡泊敬诚殿面阔七间，单檐歇山殿顶，因为全部用楠木建造，又称为楠木殿。

清舒山馆位于文园狮子林以北。图中，清舒山馆建筑群呈规则院落式布局，前后三栋殿宇，三面环岗，一面临湖，环境私密，是皇帝读书养心之处。

戒得堂建筑群位于清舒山馆以东镜湖中一座岛屿上。《戒得堂》一图中，建筑群布局规整，由前院、中院、后院和西跨院组成。前院入口门殿面阔三楹，门殿以北为正殿戒得堂。戒得堂面阔五间，堂北伸出抱厦三间，两侧伸出游廊。戒得堂以北为中院，院中挖掘有池沼，环池有假山，池中布满荷花。后院北侧建有问月楼，楼高两层，面阔五间。西跨院自南向北建有桂荫堂、来熏书屋和含古轩，前后通过游廊相连。

春好轩位于万树园东部。《春好轩》图中，整个建筑群由前后三进院落组成。入口门殿面阔三楹，入内为第一重院。二门殿后为主院，院中的春好轩面阔五间，左右各有一座厢房，四周廊庑围合。后院多有置石，植被葱郁，院内有一座攒尖景亭。

静寄山房是月色江声建筑群中的正殿，位于芝英洲以东。《静寄山房》图中，殿宇面阔七间，前出廊，两侧有廊庑围合。整个建筑群位于洲角，视野开阔，地势平坦，四周皆水。

烟雨楼位于澄湖中如意洲以北的青莲岛上，有曲桥与如意洲相连。烟雨楼建筑群为仿照嘉兴南湖烟雨楼而建。《烟雨楼》图中，门殿位于南侧，面阔三间，南有广庭假山，北为方形中庭，廊庑围合。烟雨楼位于中庭北，高两层，面阔五间，歇山顶。楼东建有青杨书屋，东西向，面阔三间，书屋南北各有亭一座。中庭西侧有面阔三楹的对山斋，斋南假山上建有六角翼亭。楼北为观湖平台，是帝后欣赏湖景的场所。

绿云楼位于梨树峪口珠源寺入口东侧。《绿云楼》图中，整个建筑群为小合院，建于山中的台地上。绿云楼高两层，面阔五间，悬山顶，楼后临崖壁。合院入口为一座便门，开在绿云楼侧边。便门一侧为石砌高台，台上有两栋屋宇，其间以廊庑连接。

创得斋建筑群位于梨树峪内。《创得斋》图中，建筑群坐落丁山地上，四周青松挺拔，环境苍翠。入口位于画面右下方，沿着磴道穿过枕碧室。主建筑创得斋面阔三间，斋后建有夕佳楼。

观瀑亭位于松林峪山麓。《观瀑亭》图中，观瀑亭为一座四方攒尖亭，槛窗围合，建于水中石台上。亭子靠近崖壁，崖中瀑布倾泻而下。近处为游廊围合的建筑群，在拐角处延伸出折线形水廊，连接观瀑亭。

食蔗居建筑群建于松林峪峪底深处。《食蔗居》图中，整个建筑群依山傍崖，景色幽静。入口为一座便门，两侧伸出院墙。墙内院中有假山置石，假山后主建筑食蔗居面阔五间，两侧与廊庑相连。廊庑通向院角的高台，台上建有一座槛窗围合的倚翠亭。院后东北石崖之间另有一座四方敞亭松岩亭。

图 4-2-4-2
[清]《钦定热河志》
——《勤政殿》

勤政殿

敞晴斋位于松云峡的山冈上。《敞晴斋》图中，建筑所在地地势较高，四周视野开阔，松林苍翠，景色优美。入口门殿前方有石桥，架于沟壑之上。院内多假山，院中主殿敞晴斋面阔三楹，卷棚悬山顶，两侧廊庑分别通向青绮书屋和绘韵楼。

秀起堂位于榛子峪鹫云寺东北。《秀起堂》图中，建筑群位于山坡平台上，依托石崖而建，四周山势连绵苍翠。主入口位于西南角，门殿面阔三间，向东通过爬山叠廊与东南角的经畬书屋相连。经畬书屋东北侧为振藻楼，楼高两层，重檐攒尖顶，是藏书的场所。振藻楼向东为爬山廊庑，向北的廊庑折向西，与绘云楼相通。绘云楼面阔三间，悬山顶，其与振藻楼之间为溪涧，涧上架设有石桥。绘云楼后为池涧，对岸为主殿秀起堂。秀起堂面阔五间，四周出廊，堂前挑出月台。

静含太古山房位于鹫云寺北。《静含太古山房》图中，建筑群分为主院与次院两部分。主院为三合院，静含太古山房是院内主殿，位于入口右侧，悬山顶。正对入口的建筑为不遮山楼，其西侧为趣亭，通过游廊连接。静含太古山房后面为半圆形的次院，有出口与秀起堂相通。

有真意轩位于西峪内，静含太古山房以南。《有真意轩》图中，建筑群依山就势而建。主殿有真意轩为东向，通过廊庑与空翠书楼和小有佳处殿相连形成合院。轩后山冈上建有对画亭，为观赏山景飞流的重要场所。

碧静堂建筑群位于松云峡主道西部南侧谷中部。《碧静堂》图中，主屋碧静堂面阔三间，歇山顶。堂左侧为松壑间楼，右侧为静赏室，以曲尺廊庑相连。三栋建筑与廊庑均建于高台上，前有溪涧，涧上架设有石板桥。入口位于北侧，为重檐六方亭门殿，旁边为净练溪楼。

含青斋建筑群位于碧静堂北，与敞晴斋隔溪相望。《含青斋》图中，建筑周围青山翠嶂，风光秀美。主屋含青斋建于高台上，坐南面北，面阔三间，卷棚歇山顶。其两侧分别为挹秀书屋与松霞室，通过爬山廊相连接。廊庑、厢房、主屋围合成合院格局。院墙外有溪涧流过。

玉岑精舍建筑群坐落在松云峡支谷的尽头。《玉岑精舍》图中，建筑群呈合院格局，基地北高南低，东西向的山涧与自北向南流的山涧汇流于中间。玉岑精舍面阔三间，坐西朝东，以曲尺廊与小沧浪室相连。小沧浪室面阔三间，南北向，西接曲廊通向积翠亭和涌玉亭。涌玉亭建于山涧之上，东西向，亭子石基下开辟有水门，北接爬山曲廊与贮云檐相通。贮云檐位于玉岑精舍建筑群的最北端，居高临下，与小沧浪室隔涧相望。

文津阁建于乾隆三十九年，位于曲水荷香以北，是收藏《四库全书》的皇家藏书楼。《文津阁》图中，建筑造型仿照宁波天一阁，阁高两层，面阔七间，重檐顶，前有廊。文津阁西侧建有重檐碑亭，阁前有水池假山，山中建有趣亭。

宜照斋位于松云峡谷内，靠近山庄西北门。《宜照斋》图中，建筑群处于一片开阔地中，前方为两重门殿。宜照斋坐东朝西，面阔五间，两侧有属霄楼、郃类榭，后院有就松堂、积嘉亭，堂前后多种松树，曲廊相连。

狮子林位于银湖东北岸，与水心榭隔银湖相望，东侧为镜湖，北侧与清舒山馆隔溪相望，为仿照苏州狮子园景致而建。《文园狮子林》图中展现了该处园林的总体风貌，其中以狮子林十六景为主，分别为狮子林、虹桥、假山、纳景堂、清閟阁、藤架、磴道、占峰亭、清淑斋、小香幢、探真书屋、延景楼、画舫、云林石室、横碧轩、水门。①

---

① 啸天编著：《承德名胜》，呼伦贝尔：内蒙古文化出版社，2007 年，第 63—82、103—119 页。

图 4-2-4-3
[清]《钦定热河志》——《松鹤斋》

图 4-2-4-4
[清]《钦定热河志》——《如意湖》

图 4-2-4-5
[清]《钦定热河志》——《青雀舫》

图 4-2-4-6
[清]《钦定热河志》——《绮望楼》

图 4-2-4-7
[清]《钦定热河志》——《驯鹿坡》

图 4-2-4-8
[清]《钦定热河志》——《水心榭》

图 4-2-4-9
[清]《钦定热河志》——《颐志堂》

图 4-2-4-10
[清]《钦定热河志》——《畅远堂》

图 4-2-4-11
[清]《钦定热河志》——《静好堂》

图 4-2-4-12
[清]《钦定热河志》——《冷香亭》

图 4-2-4-13
[清]《钦定热河志》——《采菱渡》

图 4-2-4-14
[清]《钦定热河志》——《观莲所》

图 4-2-4-15
[清]《钦定热河志》——《清晖亭》

图 4-2-4-16
[清]《钦定热河志》——《般若相》

图 4-2-4-17
[清]《钦定热河志》——《沧浪屿》

图 4-2-4-18
[清]《钦定热河志》——《一片云》

图 4-2-4-19
[清]《钦定热河志》——《蘋香沜》

图 4-2-4-20
[清]《钦定热河志》——《万树园》

图 4-2-4-21
[清]《钦定热河志》——《试马埭》

图 4-2-4-22
[清]《钦定热河志》——《嘉树轩》

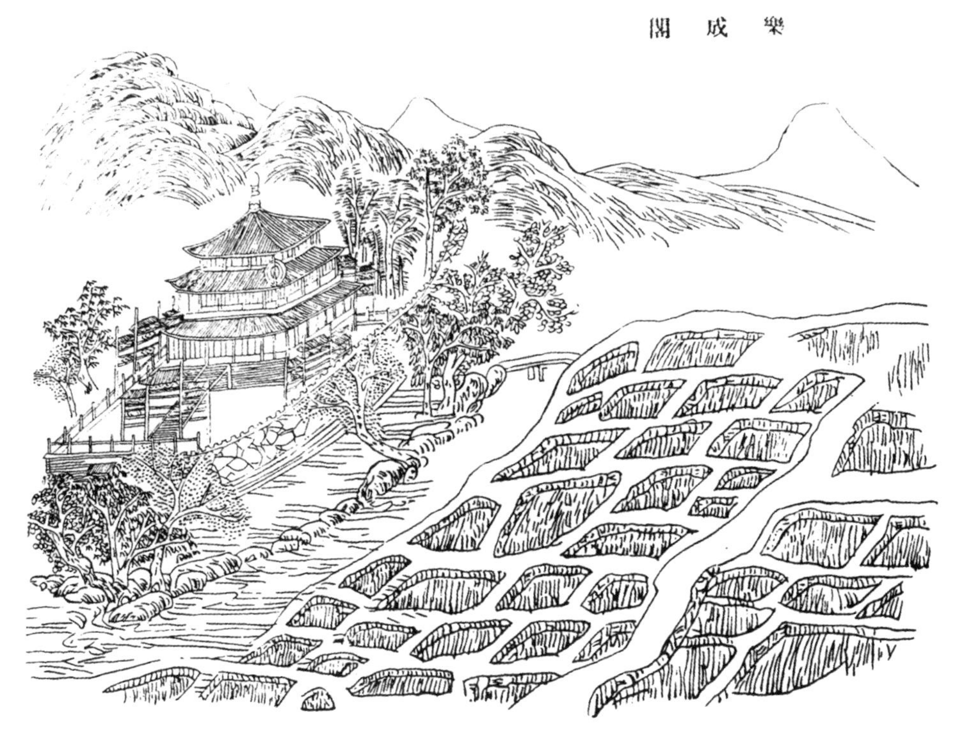

图 4-2-4-23
[清]《钦定热河志》——《乐成阁》

图 4-2-4-24
[清]《钦定热河志》——《宿云檐》

图 4-2-4-25
[清]《钦定热河志》——《澄观斋》

图 4-2-4-26
[清]《钦定热河志》——《翠云岩》

图 4-2-4-27
[清]《钦定热河志》——《罨画窗》

图 4-2-4-28
[清]《钦定热河志》——《凌太虚》

图 4-2-4-29
[清]《钦定热河志》——《千尺雪》

图 4-2-4-30
[清]《钦定热河志》——《宁静斋》

图 4-2-4-31
［清］《钦定热河志》——《玉琴轩》

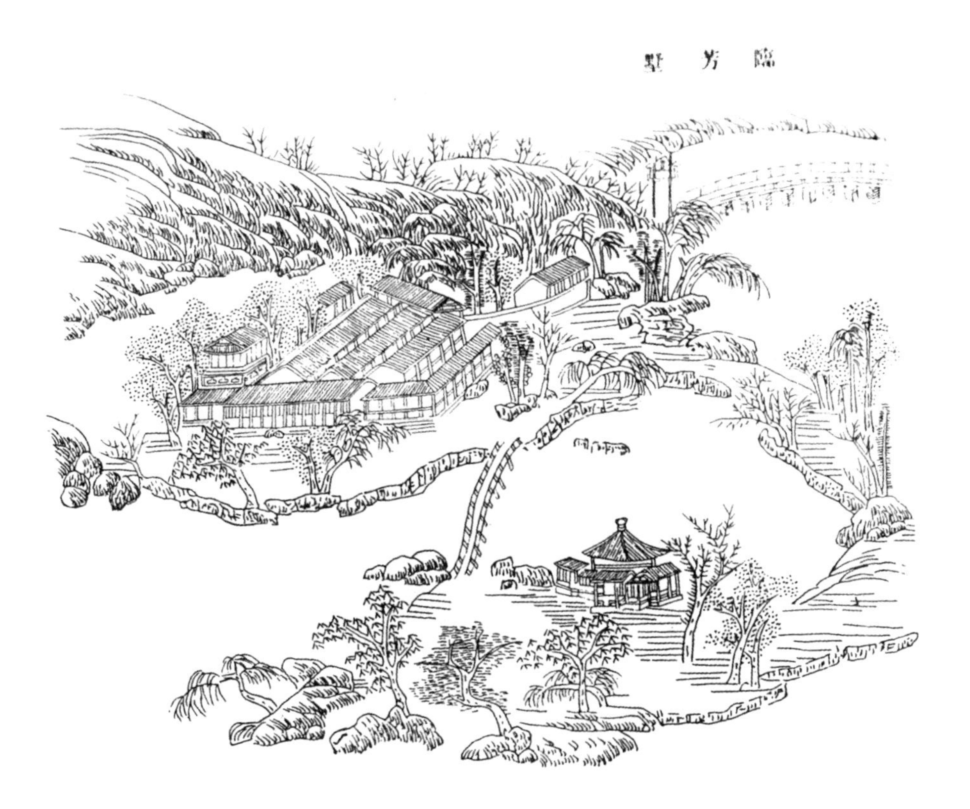

图 4-2-4-32
［清］《钦定热河志》——《临芳墅》

图 4-2-4-33
[清]《钦定热河志》——《素尚斋》

图 4-2-4-34
[清]《钦定热河志》——《永恬居》

图 4-2-4-35
[清]《钦定热河志》——《淡泊敬诚》

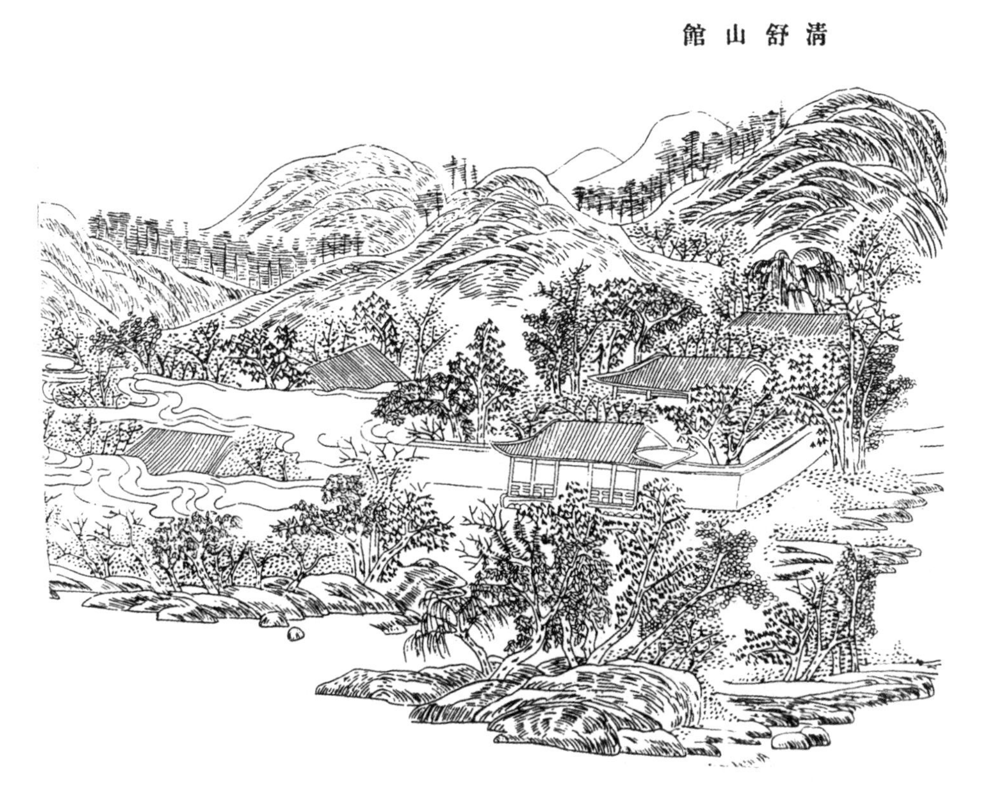

图 4-2-4-36
[清]《钦定热河志》——《清舒山馆》

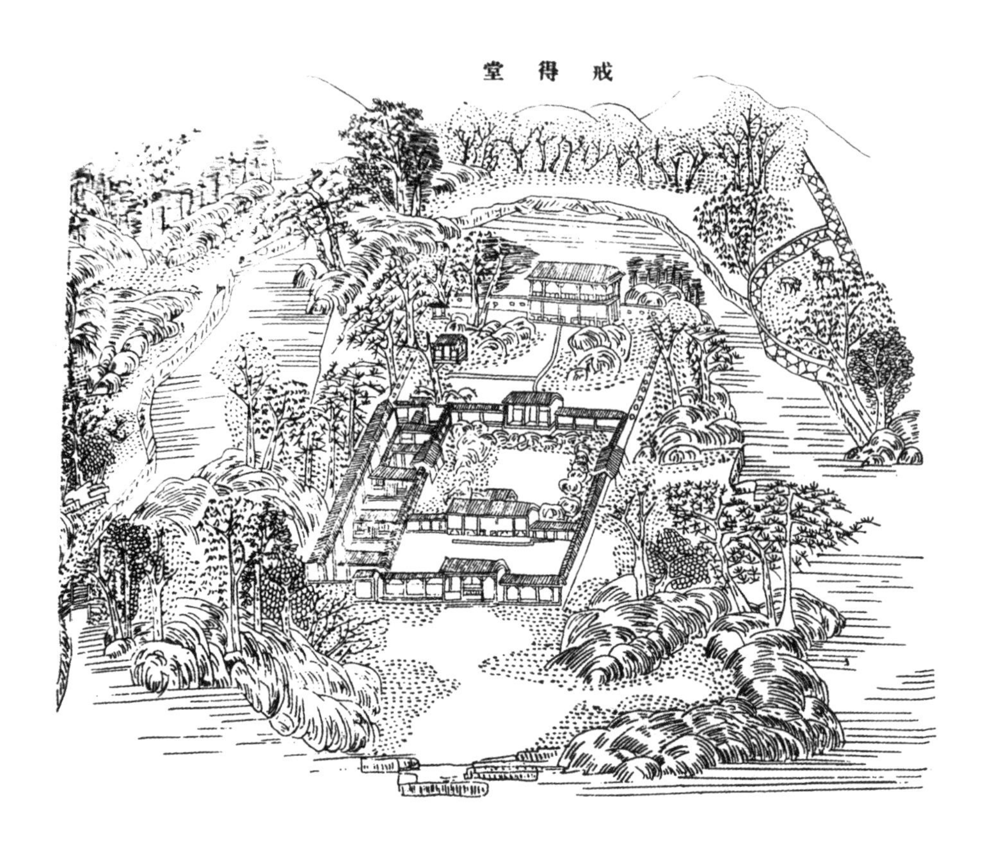

图 4-2-4-37
[清]《钦定热河志》——《戒得堂》

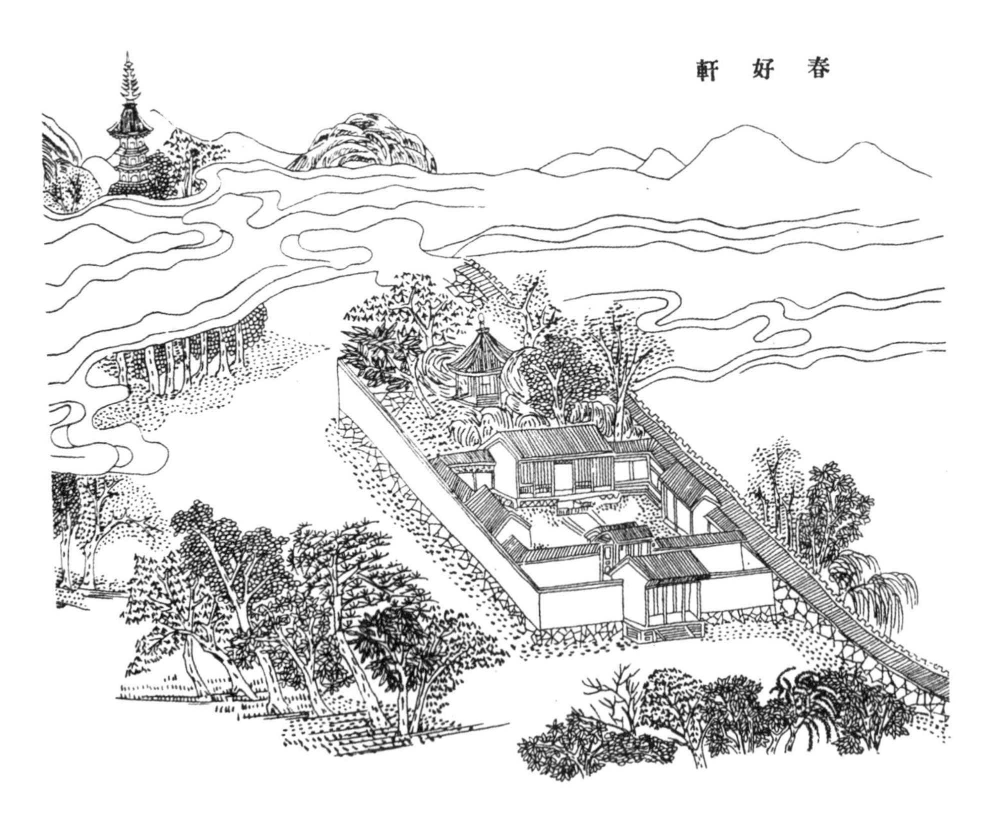

图 4-2-4-38
[清]《钦定热河志》——《春好轩》

图 4-2-4-39
[清]《钦定热河志》——《静寄山房》

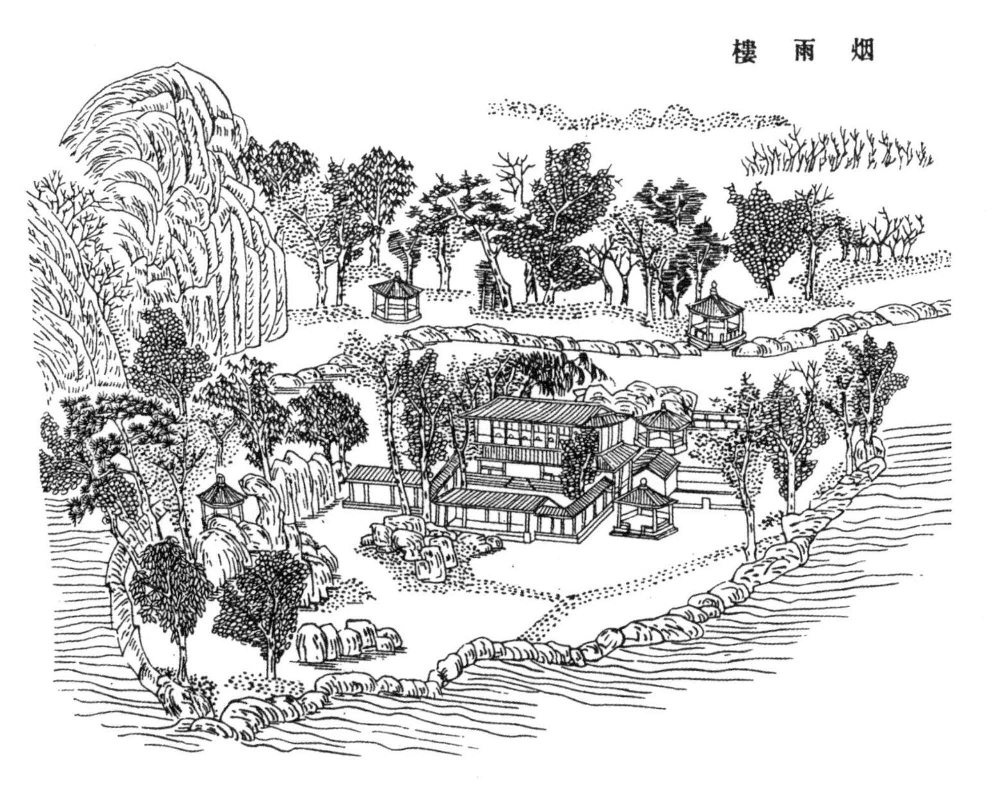

图 4-2-4-40
[清]《钦定热河志》——《烟雨楼》

图 4-2-4-41
[清]《钦定热河志》——《绿云楼》

图 4-2-4-42
[清]《钦定热河志》——《创得斋》

图 4-2-4-43
[清]《钦定热河志》——《观瀑亭》

图 4-2-4-44
[清]《钦定热河志》——《食蔗居》

图 4-2-4-45
[清]《钦定热河志》——《敞晴斋》

图 4-2-4-46
[清]《钦定热河志》——《秀起堂》

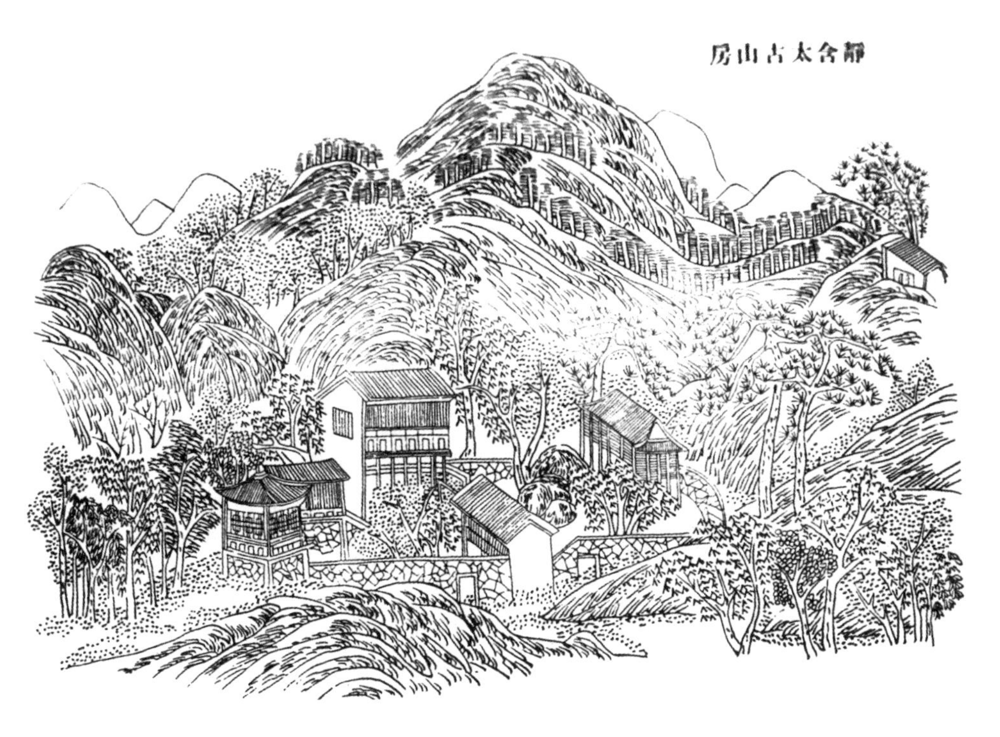

图 4-2-4-47
[清]《钦定热河志》——《静含太古山房》

图 4-2-4-48
[清]《钦定热河志》——《有真意轩》

图 4-2-4-49
[清]《钦定热河志》——《碧静堂》

图 4-2-4-50
[清]《钦定热河志》——《含青斋》

图 4-2-4-51
[清]《钦定热河志》——《玉岑精舍》

图 4-2-4-52
[清]《钦定热河志》——《文津阁》

图 4-2-4-53
[清]《钦定热河志》——《宜照斋》

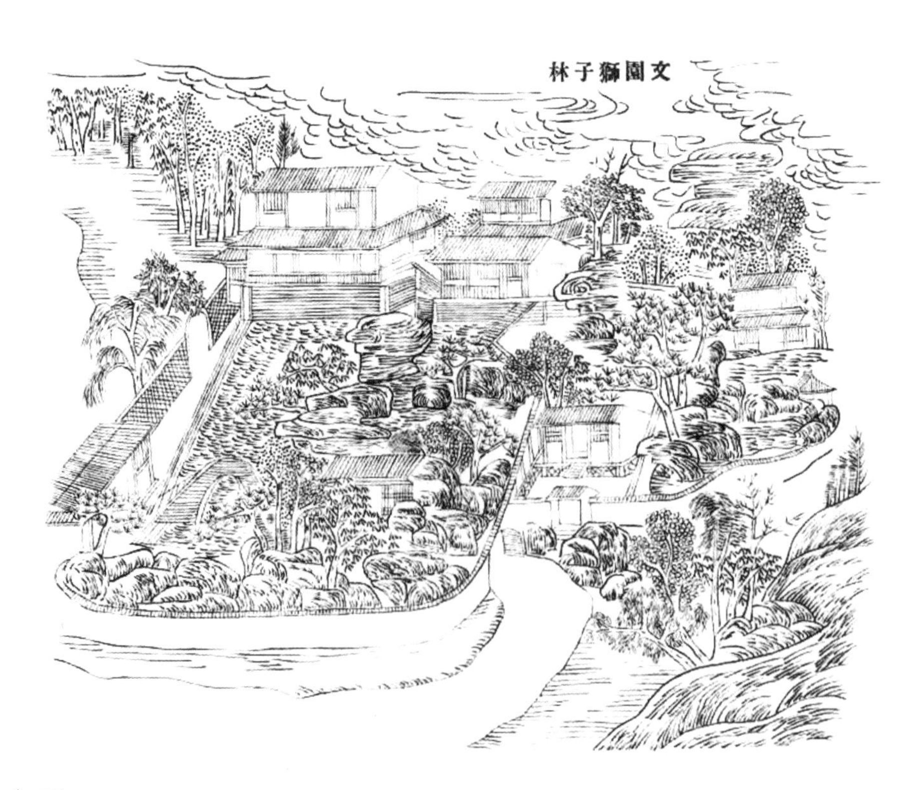

图 4-2-4-54
[清]《钦定热河志》——《文园狮子林》

第三节 圆明园图像

圆明园是清代皇家御园、离宫御苑之一，位于北京西北郊，始建于康熙四十六年（1707），最早是作为康熙皇帝赐给其第四个儿子胤禛的赐园。胤禛（雍正皇帝）即位后，对圆明园开始了大规模扩建，并开始在圆明园园居理政，圆明园因此成为紫禁城以外的第二处全国政治中心。乾隆即位后，继续扩建圆明园的景观，至乾隆九年（1744），基本完成了圆明园景观的建设。圆明园面积广阔，占地五千余亩，是雍正、乾隆皇帝日常休闲、游览和居住的场所，同时也是其处理政务、接见臣僚、会见外国使节、举办宗教祭祀仪式的场所。①

《圆明园四十景图》为乾隆年间宫廷画师唐岱、沈源奉诏所作，乾隆九年（1744）完成，是以圆明园的四十个景点为主题的绢本彩绘，每景一图，共有四十张图。各图画面横64厘米，高65厘米，采用左文右图的方式，附有乾隆所作、汪由敦所书的《四十景题诗》，诗、图合称《圆明园四十景图咏》。《圆明园四十景图》以工笔写实的手法，描绘了圆明园四十个典型景点的格局风貌，细致地再现了乾隆时期圆明园的山石、建筑、水体、植被的基本状态。

第一景图为《正大光明》，对页题字，“正大光明：园南出入贤良门内为正衙。不雕不绘，得松轩茅殿意。屋后峭石壁立，玉笋嶙峋，前庭虚敞，四望墙外，林木阴湛，花时霏红叠紫，层映无际。胜地同灵囿，遗规继畅春。当年成不日，奕代永居辰。义府庭罗壁，恩波水泻银。草青思示俭，山静体依仁。只可方衢室，何须道玉津。经营惩峻宇，出入引贤臣。（‘出入贤良门’扁额，皇考御笔也。）洞达心常豁，清凉境绝尘。常移云馆跸，未费地官缗。生意荣芳树，天机跃锦鳞。肯堂弥廑念，俯仰惕心频。”

该图展示了正大光明建筑群及其后面的山体与湖面。正大光明位于圆明园南部，是皇帝理政、举办朝会及各类仪式和清廷中央机关工作的场所。图中建筑群占据了画面中线以下的部分，建筑格局呈明显的中轴对称布局。轴线为左下至右上方延伸的石砌甬道，沿轴线自前向后分布着拱桥、出入贤良门、正大光明殿，甬道两侧基本对称分布配殿和朝房。正大光明殿是图中体量最大的建筑，位于甬道轴线的末端，是最靠近画心位置的大殿。作为圆明园中的正殿，正大光明殿建筑基座最高，前有三条陛道，面阔七间，单檐歇山卷棚顶，四周围廊，柱间隔扇门的裙板与柱子均为大红色，殿前左右各布置一座相对的配殿。配殿面阔五间，悬山卷棚顶，前出廊。配殿后面均有合院式建筑群，由体量较小、面阔三间的卷棚顶建筑构成。院落由院墙分隔，中间开辟有便门。位于甬道中间的为一座门殿，称为“出入贤良门”或者“二宫门”，灰瓦卷棚歇山顶，基座高度低于正大光明殿，面阔五间，中间三间为朱红色隔扇门，两边为槛窗。其左右各配置一间配殿，面阔五间，中间一间为隔扇门，两侧四间为槛窗，卷棚悬山顶造型，基座低于门殿。殿后为虎皮墙，两边各开辟有一座便门。便门为朱红色，前有檐柱，上有卷棚屋顶。

门殿前为月形筒子河，以条石砌成驳岸，岸边架设有朱红色栏杆。河上架石

---

① 圆明园管理处编：《圆明园百景图志》，北京：中国大百科全书出版社，2010年，第48页。

拱桥，侧边另有便桥，应为对称布置。画面左下方为内朝房，面阔五间，灰瓦卷棚顶。内朝房为左右对称布置，右边的朝房被树木遮挡，仅仅显示出山墙。建筑群后为寿山和前湖。寿山为正大光明殿右前方的山体，为人工堆土而成，有山道进山，种有桃树、梅花树等。正大光明殿后为数座石峰和松树，石峰高出殿顶很多，其后面为前湖湖面。殿右面伸出一条爬山廊，与洞明堂小院相连[①]（图4-3-1-1）。

第二景图为《勤政亲贤》，对页题字，“勤政亲贤：正大光明之东为勤政殿，日于此披省章奏，召对臣工，亭午始退。座后屏风书‘无逸’以自勖。又东为保合太和，秀石名葩，庭轩明敞，观阁相交，林径四达。庭训昭云日，钦承切式刑。勑几宵旰暇，吁俊刻靡宁。一念征蒙圣，群言辨渭泾。乾乾终始志，无逸近书屏。”

该景点位于正大光明殿以东。画面中央为隆起的山冈，土坡向左下方向延伸，山冈后面被湖面环绕，前面为建筑群，建筑的数量较多，基本呈合院布局，显示这一区域建筑功能与“正大光明”一样，偏向于处理政务。画面左下角有一处小院，园内主建筑为勤政亲贤殿，面阔五间，前出抱厦三间，卷棚歇山勾连搭屋顶，柱间为朱红色裙板隔扇门，为皇帝日常批阅奏章、接见臣僚之处。院门为京城常见的垂花门，门板亦为朱红色。

山冈右下方地势平坦，建有大面积的合院，图中显示至少有三路院落。中路院落较宽敞，前后共有三进院落三幢建筑，建筑体量较大，显然是较为重要的建筑。前面一幢称为敞厅芳碧丛，面阔五间，灰瓦卷棚歇山顶。中间一幢为保合太和殿，面阔七间，中间三间设置隔扇门，两边四间为槛窗，四面出廊，隔扇门前接抱厦三间，卷棚歇山顶。后面一幢为两层楼阁，称为富春楼，面阔七间，中间一间开隔扇门，两侧六间为槛窗，悬山卷棚顶，前面出廊，二层似有通道与保合、太和殿相接。左路院落被树木遮挡，仅能看清三幢建筑屋顶。右边一路前后四进院落，有四幢主要建筑。前面一幢为飞云轩，面阔五间，入口在背面，勾连搭卷棚屋顶。与其相对的为四得堂，面阔五间，前出廊，左边接耳房。第三幢为秀木佳荫，造型体量与四得堂相似。最后为生秋庭，面阔三间，主间开隔扇门，两侧次间为槛窗，前出廊，其左前方有一幢厢房。生秋庭后面为湖面，湖面上架有平板折桥。以上三路建筑前面有一排长值房，槛窗下的槛墙与隔扇门裙板均为灰色，其功能为仓库或者仆役居住。院落以中路院落较大，其中保合太和殿前院最大，院中有高大的石峰置石，种植有玉兰、红梅、白梅等观赏性植被，院外种有高大的乔木，院落之间以回廊和墙体相分隔[②]（图4-3-1-2）。

第三景图为《九州清晏》，位于前湖和后湖之间的洲岛上，与正大光明区隔湖相望。对页题字，“九州清晏：正大光明直北为几余游息之所。棼橑纷接，鳞瓦参差。前临巨湖，渟泓演漾。周围支汊，纵横旁达，诸胜仿佛浔阳九派，驺衍谓裨海周环为九州者，九大瀛海环其外，兹境信若造物施设耶！昔我皇考，宅是广居。旰食宵衣，左图右书。园林游观，以适几余。岂繄廊庙，泉石是娱。所志维何？煌煌御书。九州清晏，皇心乃舒。肯构孰责，继序在予。业业

---

① 圆明园管理处编：《圆明园百景图志》，北京：中国大百科全书出版社，2010 年，第 2—9 页。
② 贺艳，吴祥艳：《再现·圆明园——勤政亲贤》，紫禁城：2011 年第 8 期，第 32—49 页。

兢兢，奉此遗模。一念之间，敬肆攸殊。作狂作圣，系彼斯须。谓天可畏，屋漏与俱。谓民可畏，敢欺其愚？六膳八珍，牣乎御厨。念彼沟壑，曷其饱诸？水榭山亭，天然画图。瞻彼茅檐，痌瘝切肤。慎终如始，前圣之谟。呜呼小子，毋渝厥初。”

图中九州清晏区前后均为湖面，洲岛左下方和右上方各有一座板桥与其他洲岛相通。图中显示，九州清晏区建筑群为右、中、左三路多进合院式布局。中路前后有三幢殿宇，分成两进院落。前面一幢为圆明园殿，面阔五间，卷棚歇山顶，前出廊，朱红色立柱，柱间槛窗与隔扇门均为淡青灰色。中间一幢为奉三无私殿，卷棚歇山顶，面阔七间，前出廊，立柱为楠木色。后面一幢为九洲清晏殿，面阔七间，朱红色立柱，前面出廊，靠后湖一侧伸出抱厦三间，形成勾连搭卷棚布瓦歇山顶。[①]左路建筑体量较小，称为“天地一家春”，主殿有四座，呈前后轴线排列，两旁含多个小套院，是后妃的寝宫，建筑造型与朝向较为灵活。右路前后有四幢殿宇，分割成四进院落。前面一幢面阔七间，其后面三幢被松树遮挡，形制不明，从宽度推测应为三间至五间，屋顶均为卷棚布瓦悬山顶。西路建筑的右边另有殿宇建筑，但是受到洲岛轮廓影响，数量较少，其中一间为七间大殿清辉阁。后湖湖边有一幢建于高台上的敞轩“鸢飞鱼跃”，面阔五间，歇山卷棚顶，非常醒目。各合院以院墙和回廊相分隔，中路的两进院子面积最大，右路院子次之，左路院子面积最小。九洲清晏殿除了前院以外，两侧还伸展出跨院。跨院以回廊围合，靠近后湖的一侧回廊墙壁上开辟有各种形状的漏窗（图4-3-1-3）。

---

① 刘畅：《圆明园九州清晏殿早期内檐装修格局特点讨论》，古建园林技术：2002 年第 2 期，第 41—43 页。

图 4-3-1-1
[清]唐岱、沈源《圆明园四十景图》
——《正大光明》

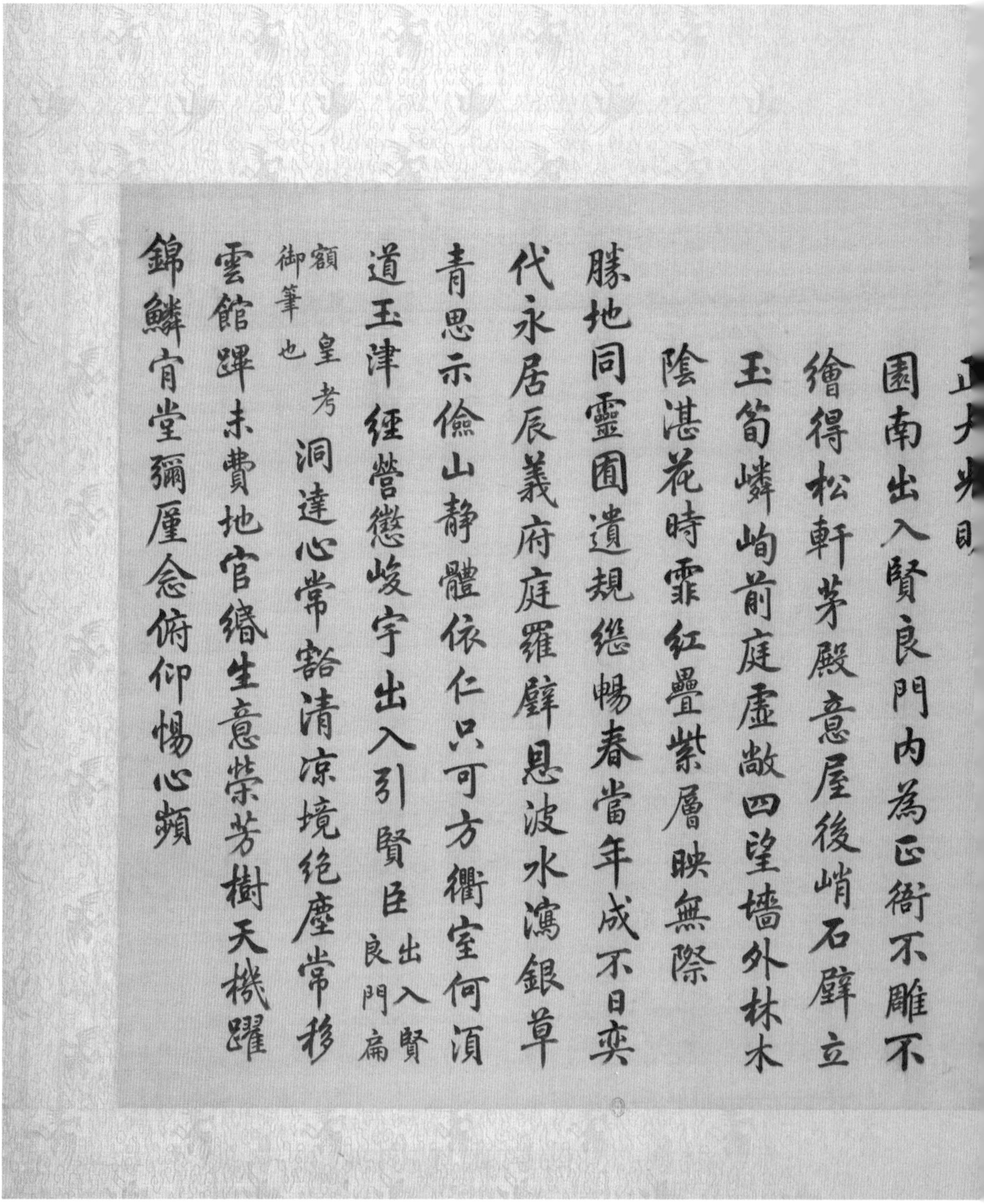

園南出入賢良門内為正衙不雕不繪得松軒茅殿意屋後峭石壁立玉筍嶙峋前庭虛敞四望墻外林木陰湛花時霏紅疊紫層映無際

勝地同靈囿遺規繼暢春當年成不日奕代永居宸義府庭羅璧恩波水瀉銀草青思示儉山靜體依仁只可方衢室何須道玉津經營懲峻宇出入引賢臣出入賢良門扁額皇考御筆也洞達心常豁清涼境絶塵常移雲館蹕未費地官緡生意榮芳樹天機躍錦鱗肯堂彌廑念俯仰惕心頻

图 4-3-1-2
[清]唐岱、沈源《圆明园四十景图》——《勤政亲贤》

图 4-3-1-3
[清] 唐岱、沈源《圆明园四十景图》——《九州清晏》

第四景图为《镂月开云》，位于后湖东南角的洲岛上。对页题字，“镂月开云：殿以香楠为材，覆二色瓦，焕若金碧。前植牡丹数百本，后列古松青青，环以杂花名葩。当暮春婉娩，首夏清和，最宜啸咏。云霞罨绮疏，檀麝散琳除。最可娱几暇，惟应对雨余。（牡丹四月始盛，而京师率值望雨时，朕幸圆明园屈指已七年，而花时宴赏者，祇一次耳。）殿春饶富贵，陆地有芙蕖。名漏疑删孔，词雄想赋舒。徘徊供啸咏，俯仰验居诸。犹忆垂髫日，承恩此最初。（予十二岁时皇考以花时恭请皇祖幸是园，于此地降旨许孙臣扈侍左右云。）”

画面中心是被起伏的山冈和水面环绕包围的建筑群。该建筑群为合院布局，院中有一座主殿，两侧为配殿。院落前面有一座大殿，称为镂月开云殿。镂月开云殿建于汉白玉须弥座造型的高台基上，以香楠木为主材料，面阔三间，进深一间，四面出廊，中间四扇隔扇门，两侧为槛窗，槛墙为绿色琉璃砖贴面，屋顶为卷棚歇山顶，黄褐色琉璃瓦铺面，宝蓝色琉璃瓦镶边，垂脊脊端有仙人走兽装饰，这种建筑装饰为圆明园中的孤例。殿后有数株巨松，并筑有假山。殿前平地上种植了大量牡丹，因此，镂月开云殿又称为牡丹台。院内的主殿为御兰芬殿，面阔五间，卷棚悬山布瓦顶，前出卷棚歇山顶抱厦三间，立柱与隔扇门裙板均为朱红色。主殿两边接耳房，抱厦两边接格子状篱笆墙，墙上种有攀缘性植被。左边的配殿为栖云楼，高两层，面阔三间，四面出廊。右边的配殿为养素书屋。图中山后临湖处露出部分亭身，此亭名为永春亭，平面六角形，重檐攒尖顶。此图植被极为丰富，除了巨松与牡丹外，院内画有白玉兰，山冈中画有多株梅花树、桃树和乔木（图4-3-1-4）。

第五景图为《天然图画》。对页题字，“天然图画：庭前修篁万竿，与双桐相映。风枝露梢，绿满襟袖。西为高楼，折而南，翼以重榭。远近胜概，历历奔赴，殆非荆关笔墨能到。我闻大块有文章，岂必天然无图画。茅茨休矣古淳风，于乐灵沼葩经载。松栋连云俯碧澜，下有修篁戛幽籁。双桐荟蔚矗烟梢，朝阳疑有灵禽哕。优游竹素夙有年，峻宇雕墙古所戒。讵无乐地资胜赏，湖山矧可供清快。肖然西峰列屏障，眺吟底用劳行迈。时掇芝兰念秀英，或抚松筠怀耿介。和风万物与同春，甘雨三农共望岁。周阿苔篆绿蒙茸，压架花姿红琐碎。征歌命舞非吾事，案头书史闲披对。以永朝夕怡心神，忘筌是处羲皇界。试问支公买山价，可曾悟得须弥芥？”

画面背景为连绵起伏的山冈，画面的中心是山冈前方被水体环绕的长条形院落。前面院墙上开辟有不同形状的漏窗，院内种植大量的竹子，因此该院称为竹子院。院子前方是大水池，池中筑有两座小岛，岛上种有数株松树，池内有大量的莲叶，池边种有桃树。竹子院院墙连接三幢主要建筑。其中两幢位于院子右侧的湖边位置，呈一前一后排列，主朝向均与湖面垂直。前面一幢为朗吟阁，面阔、进深均三间，外观高三层，卷棚歇山重檐屋顶。朗吟阁前面有一高台敞榭，面阔三间，进深一间，卷棚歇山顶，三面通透，台基上围合栏杆，前面有磴道与地面相接。朗吟阁后面为面湖的楼阁，面阔五间，外观三层，重檐歇山顶，一层和二层均四面出廊。竹子院前方院墙中间的外侧建有一幢大殿，名为竹深荷静殿，该殿面阔五间，前出抱厦三间，四面出廊，面朝前方水池的中岛，是一处欣赏荷花的场所（图4-3-1-5）。

图 4-3-1-4
[清]唐岱、沈源《圆明园四十景图》——《镂月开云》

图 4-3-1-5
[清] 唐岱、沈源《圆明园四十景图》——《天然图画》

第六景图为《碧桐书院》。对页题字，“碧桐书院：前接平桥，环以带水。庭左右修梧数本，绿阴张盖，如置身清凉国土。每遇雨声疏滴，尤足动我诗情。月转风回翠影翻，雨窗尤不厌清喧。即声即色无声色，莫问倪家狮子园。”

图像的中心为碧桐书院建筑群，位于后湖东北的洲岛上，四周被山冈和水体环绕。书院后面的山体较高，山势连绵起伏，画面中书院右后方的山岭最高，在叠嶂之中一条瀑布倾泻而下，注入书院左边的水潭中。书院建筑群有明显的中路轴线，但是其左右两侧不对称，显示出灵活的布局安排。中路前后有四幢建筑。最前面为五间门屋，其后面为三间前屋，第三幢为五间正屋，第四幢为五间后屋，均为南北朝向。中路右边有五栋建筑，左边有两栋建筑，基本为面阔三间。除了正屋为朱红色立柱外，其他建筑均为青灰色立柱，所有建筑均为卷棚悬山和硬山顶。正屋与后屋之间的院落上有红色的藤架，院内外种植有梧桐、桃花树。建筑群前面的山冈很低，门屋左下方有一条小径通向岸边，沿小径可到板桥（图4-3-1-6）。

第七景图为《慈云普护》，位于后湖北的洲岛上，是具有宗教功能的场所。对页题字，“慈云普护（调寄菩萨蛮）：一径界重湖间，藤花垂架，鼠姑当风，有楼三层，刻漏钟表在焉。殿供观音大士。其傍为道士庐，宛然天台。石桥幽致，渡桥即为上下天光。偎红倚绿帘栊好，莺声浏栗南塘晓。高阁漏丁丁，春风多少情。幽人醒午梦，树底浓阴重。蒲上便和南，摐摐声色参。”

图中心为一处U形水湾，水湾的后方与右方均为山冈坡地。图中有七幢建筑物。最醒目的为一幢三层高的钟楼，石砌台基，平面呈六边形，每层均有屋檐，顶部为攒尖形，正中间的尖顶上铸有金鸡，正面的二层镶嵌有巨大的钟。钟楼右边临水的建筑为慈云普护楼，高两层，面阔三间，卷棚悬山顶，临水部分有两层出廊，与水边游廊相连。画面前方有一幢较大的屋宇，称为欢喜佛场，面阔三间，前面出廊，卷棚勾连搭屋顶，屋前有藤架，置石围合成两块花坛，藤架上缠满了蔓藤植被，花坛里开满了牡丹等花卉。该屋左前方洲岛向水面突出，架有一座木板桥，右前方临水处有一座黄色四方重檐攒尖亭。画面右方有三幢建筑，相对围合成小院。临水的一幢龙王殿被树木遮挡，仅能看到卷棚屋顶和伸出水面的平台，另两间较为朴素。水边一条游廊将慈云普护楼、龙王庙和欢喜佛场联系起来。欢喜佛场右边的院墙紧贴游廊而建，在墙上开辟有四个苏式漏窗（图4-3-1-7）。

图 4-3-1-6
[清] 唐岱、沈源《圆明园四十景图》——《碧桐书院》

图 4-3-1-7
[清]唐岱、沈源《圆明园四十景图》——《慈云普护》

第八景图为《上下天光》，对页题字，“上下天光：垂虹驾湖，蜿蜒百尺。修栏夹翼，中为广亭。縠纹倒影，滉瀁楣槛间。凌空俯瞰，一碧万顷，不啻胸吞云梦。上下水天一色，水天上下相连。河伯夙朝玉阙，浑忘望若昔年。”

该景点亦位于后湖的洲岛上，景观意境为模仿洞庭湖和岳阳楼。画面前方为大面积的水面，中间为起伏的山冈，连山之间隐隐透出远处的湖面，一条水道将前后两处水面连接起来，并将连绵的山体分成两大块，右边的山岭较为陡峭，左边的较为平缓。图中建筑物有十一幢，布局较为分散。最主要的建筑为营造在水边的上下天光楼。该楼高两层，面阔三间，进深一间，一层四面环绕回廊，二层柱间没有墙壁与门窗，四面通透，围绕一圈宽大的平台，有内外两圈回栏，屋顶为歇山顶。上下天光楼前面临水处挑出平台，布置有下水码头，两侧伸出平板折桥，向画面两边延伸。右边折桥中间有一处水榭，面阔三间进深一间，榭顶中间高两边低，中间为硬山顶，两边为歇山顶，平台上环绕朱栏。左边这桥通向一座三间歇山顶水榭，桥中间有一座六边形攒尖亭。上下天光楼后面为进山的通道，错落分布有四座建筑，其中三座建筑面阔三间，其间以砖墙和栅栏墙围合，一座建筑隐于山冈后，只露出一角。再往后过竹林与松树有山亭和两座三开间建筑。画面左侧最高的山岭上建有一座高台，台上有一座阁楼（图4-3-1-8）。

第九景图为《杏花春馆》，描绘的为《上下天光》一景过山亭后的风光。对页题字，“杏花春馆：由山亭逦迤而入，矮屋疏篱，东西参错。环植文杏，春深花发，烂然如霞。前辟小圃，杂莳蔬蓏，识野田村落气象。霏香红雪韵空庭，肯让寒梅占胆瓶。最爱花光传艺苑，每乘月令验农经。为梁谩说仙人馆，载酒偏宜小隐亭。夜半一犁春雨足，朝来吟屐树边停。”

画面中，在蜿蜒的叠嶂之间，一条“之”字形山道自山顶向山下延伸，通向山冈前面一片农田。农田中有一处水井，上有井亭，田边种植杏树、柳树。田边分散布置的建筑极为朴素，基本为仿照农舍样式，面阔大多为三间，卷棚硬山顶，灰黑色槛墙。画面左下方小径边有一座重檐四方小楼，楼顶为攒尖顶，面阔三间，中间隔扇门，四周围合槛窗，画面下方的溪水上建有一座桥，上桥的磴道为石砌，两边有石栏杆，但是桥面仅靠一块木板连接（图4-3-1-9）。

图 4-3-1-8
[清] 唐岱、沈源 《圆明园四十景图》——《上下天光》

图 4-3-1-9
[清]唐岱、沈源《圆明园四十景图》——《杏花春馆》

第十景图为《坦坦荡荡》，是乾隆观鱼之处。对页题字，“坦坦荡荡：凿池为鱼乐国。池周舍下，锦鳞数千头，喁唼拨剌于荇风藻雨间，回环泳游，悠然自得。诗云：众维鱼矣，我知鱼乐，我蒿目乎斯民！凿池观鱼乐，坦坦复荡荡。泳游同一适，奚必江湖想。却笑蒙庄痴，尔我辨是非。有问如何答，鱼乐鱼自知。”

画面中心为一片被水面环绕的平坦地，右侧有起伏的山冈，河流对岸也有连绵的群山轮廓。画面的中心为一片鱼池，池中有金色鲤鱼在遨游。池壁均为砖砌，池中央为高台，台基上建有一座大殿名曰“光风霁月殿”。该殿面阔五间，卷棚歇山顶，四面出廊，与台基边缘形成内外两圈栏杆。池塘后面一角高台基上建有一座四方攒尖亭，柱间围绕美人靠。前方水边有三座建筑相连，中间的主屋为素心堂，面阔五间，前后出廊，后接抱厦三间，朱红色立柱与隔扇门。两侧的配房分别为半亩园和澹怀堂，建筑屋顶稍低于素心堂，立柱与各隔扇门裙板颜色也变为灰色。配房向鱼池方向伸出游廊，游廊一侧为立柱，另一侧为墙体，墙中间有镂空的花窗，连接池边的知鱼亭、萃景斋和双佳斋。图中知鱼亭位于光风霁月殿右下方，四方攒尖顶，四周出廊，有隔扇门窗围护内部空间。萃景斋和双佳斋建于池边，一左一右，相对而向。萃景斋靠近知鱼亭一侧，四面出廊，歇山顶。双佳斋屋顶为平台，绕以栏杆，可观景（图4-3-1-10）。

第十一景图为《茹古涵今》，所绘景点也是位于后湖西南的洲岛上。对页题字，“茹古涵今：长春仙馆之北，嘉树丛卉，生香蓊葧，缭以曲垣，缀以周廊，邃馆明窗，牙签万轴，漱芳润，撷菁华。不薄今人爱古人，少陵斯言，实获我心。广夏全无薄暑凭，洒然心境玉壶冰。时温旧学宁无说，欲去陈言尚未能。鸟语花香生静悟，松风水月得佳朋。今人不薄古人爱，我爱古人杜少陵。”

图中显示，该洲岛中心为平坦地，两边稍有山冈起伏，两侧各有一座平板桥与其他洲岛相连。主建筑群位于中心平坦地上，呈右、中、左三路规整式合院布局。中路前后有两座建筑，形成两处方院。前面一栋为茹古涵今殿，面阔五间，前出廊，中间为四扇隔扇门，两侧为槛窗。后面一栋为两层高的楼阁邵景轩，重檐攒尖顶，一层面阔、进深均五间，四面回廊，二层面阔三间，四面伸出平坐栏杆。邵景轩除了前院最大以外，还有两个跨院。左路前后两幢建筑，构成三个小院。右路前后三栋建筑，同样是三个小院。院落之间以隔墙和游廊分隔。前面有两栋长屋，一栋长十四间，另一栋为五间（图4-3-1-11）。

图 4-3-1-10
[清]唐岱、沈源《圆明园四十景图》——《坦坦荡荡》

图 4-3-1-11
[清]唐岱、沈源《圆明园四十景图》——《茹古涵今》

第十二景图为《长春仙馆》，长春仙馆位于茹古涵今南侧。对页题字，“长春仙馆：循寿山口西入，屋宇深邃，重廊曲槛，逶迤相接。庭径有梧有石，堪供小憩。予旧时赐居也。今略加修饰，遇佳辰令节，迎奉皇太后为膳寝之所，盖以长春志祝云。常时问寝地，曩岁读书堂。秘阁冬宜燠，虚亭夏亦凉。欢心依日永，乐志愿春长。阶下松龄祝，千秋奉寿康。”

图像中三分之二的幅面描绘的为长春仙馆周边的环境。长春仙馆位于三条河流之间的平地上，河上架有三座桥梁，远处的为石砌单拱桥。桥上建有一座水榭，称为鸣玉溪。左边和右下方均为木板桥。石桥右左两边均有隆起的山冈，右边的山冈层次丰富，山岭最高，山间种植有桃花树、松树、梧桐，左边山冈较低，山坡前有两栋亭子。画面的视觉焦点集中在主体建筑群上。长春仙馆建筑群的建筑物较多，成规整的合院格局，从左向右共有四路建筑。左一路前后有三进院落，第一进院落从外围围合第二进院落，为半“回”字形格局。主建筑有两栋，均面阔五间，中间一栋为长春仙馆，朱红色立柱，两边配有厢房，后面一栋为绿荫轩。长春仙馆右侧为三间小屋名为丽景轩。左二路前后三栋建筑，形成两个方院。前面一栋面阔五间，中间一栋为三卷棚勾连搭顶的三间殿宇，后房为三开间卷棚悬山顶。右二路院落最大，前后两栋建筑，两边游廊围合。前面一栋为五开间的含碧堂，后面一栋体量最大，为五开间的林虚佳境殿，前后出廊。右一路同样为前后两栋建筑和游廊围合成的院落，前面一栋面阔三间，卷棚勾连搭屋顶，院中和院后各有一座重檐四方攒尖亭（图4-3-1-12）。

第十三景图为《万方安和》。对页题字，“万方安和：水心架构，形作卍字。略彴相通。遥望彼岸，奇花缬若绮绣。每高秋月夜，沆瀣澄空，圆灵在镜。此百尺地宁非佛胸涌出宝光耶！作室轩而豁，当年志若何。（是地冬燠夏爽，四序皆宜，亦皇考所喜居也。）万方归覆冒，一意愿安和。触景怀承器，瞻题仰偃波。九年遗泽在，四海尚讴歌。”

画面中心为大面积的水面，一条土堤从左下方向左延伸，然后向右上方转折而去，将水面分成湖面和溪流两种形态。溪流水口处假设有石拱桥和木板桥，堤上种植有柳树和色叶树种。水边的万方安和轩是画面的焦点所在。从图像上看，万方安和轩平面为卍字形，中央为十字殿“四方宁静”，延伸出四个朝向面阔五间的卷棚歇山顶殿宇，内部总共三十三间房，功能各有不同，屋外均有临水回廊。画面左下角的土堤上有一座重檐四方亭，面阔、进深均三间，图中显示至少三面出抱厦，抱厦正面各有四扇隔扇门，屋顶为歇山顶，其他各面以槛窗和槛墙围护（图4-3-1-13）。[1]

---

[1] 端木泓：《圆明园新证——万方安和考》，故宫博物院院刊：2008年第2期，第36—55页。

图 4-3-1-12
[清]唐岱、沈源《圆明园四十景图》——《长春仙馆》

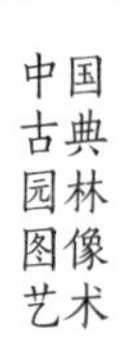

图 4-3-1-13
[清]唐岱、沈源《圆明园四十景图》——《万方安和》

第十四景图为《武陵春色》，为模仿桃花源意境而做的景区。对页题字，“武陵春色：循溪流而北，复谷环抱。山桃万株，参错林麓间。落英缤纷，浮出水面，或朝曦夕阳，光炫绮树，酣雪烘霞，莫可名状。复岫回环一水通，春深片片贴波红。钞锣溪不离繁囿，只在轻烟淡霭中。”

画面中大面积的山冈，连绵起伏、层层叠叠，山中种满松树、柳树、桃花树，有无尽的春色。山中一条溪涧横跨而过，在转折处叠石成洞，形成桃花源的意境。溪涧两岸的山坳中各有一处建筑群。图中靠前的建筑群布局较为规整，整体呈方形，四周围合以长屋，院中两栋建筑均面阔三间。后方的建筑群以院墙、格网栅栏围合成院，最大的建筑面阔五间，其他均为三开间。除了这两组建筑群外，还有一些建筑和亭子分散布置在山道旁或者山坳中（图4-3-1-14）。

第十五景图为《山高水长》，位于圆明园西南角，地势平坦。对页题字，“山高水长：在园之西南隅，地势平衍，构重楼数楹。每一临瞰，远岫堆鬟，近郊错绣，旷如也。为外藩朝正锡宴，陈鱼龙角觝之所。平时宿卫士于此较射。重构枕平川，湖山万景全。时观君子德，式命上宾筵。湛露今推惠，彤弓古尚贤。更殷三接晋，内外一家连。”

画面中心显示为大片的草场，这是侍卫骑马射箭比武之处。画面右下角建筑物较为集中，其中最为醒目的为山高水长楼。该楼阁高两层，面阔九间，无出廊，单檐卷棚歇山顶。山高水长楼面向草场，是观武演礼的场所，其后面有小院，院内两座三间的厢房。其他建筑风格朴素，且大多被植物遮挡，应是等级较低的用房。草场边缘处有河流，是整个园林的进水通道，远方山体轮廓起伏，从方位上看应该为北京西北郊的群山（图4-3-1-15）。

第十六景图为《月地云居》，是一处寺庙园林景观。对页题字，“月地云居（调寄清平乐）：琳宫一区，背山临流，松色翠密，与红墙相映。结楞严坛大悲坛其中。鱼鲸齐喝，风幡交动。才过补特迦山，又入室罗筏城。永明寿所谓宴坐水月道场，大作梦中佛事也。大千乾闼，指上无真月。觉海沤中头出没，是即那罗延窟。何分西土东天，倩他装点名园。借使瞿昙重现，未肯参伊死禅。”

图中，月地云居寺庙建筑群背倚山冈，前临河流，地形平坦，视野开阔。整体布局按照佛寺布局的要求，具有规整严谨的法度。前面为门殿，名为清静地，歇山顶，正脊两端吻兽突出，面阔三间，开有三个拱券门，门殿两侧各有一处便门，均为卷棚歇山顶。门殿后面为一个宽大的方形院落，院内四隅建有钟楼、鼓楼和两座重檐戒坛，院中央是一座大殿，名为妙证无声。妙证无声殿平面呈方形，高两层，底层面阔五间，四面出廊，二层面阔三间，四方攒尖宝顶，脊端有吻兽。妙证无声殿后面为月地云居殿，面阔五间，前出抱厦三间。最后面的建筑为莲花法藏楼，高两层，面阔七间，前出廊，两边各有一座配殿。寺庙内的建筑墙壁与立柱全部涂成红色，没有卷棚顶，脊端多吻兽，与其他园内的世俗性建筑有很大的区别。月地云居寺庙建筑群两侧有大片的松林，右前方有一处小别院，建有亭子和屋宇（图4-3-1-16）。

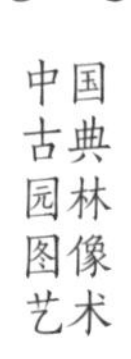

图 4-3-1-14
[清] 唐岱、沈源《圆明园四十景图》——《武陵春色》

图 4-3-1-15
[清]唐岱、沈源《圆明园四十景图》——《山高水长》

图 4-3-1-16
[清]唐岱、沈源《圆明园四十景图》——《月地云居》

第十七景图为《鸿慈永祜》，又名安佑宫，用于安放牌位、祭祀清帝祖先，是一座大型寺庙园林。对页题字，“鸿慈永祜：苑西北，地最爽垲。爰建殿寝，敬奉皇祖、皇考神御，以申罔极之怀。堂庑崇闳，中唐有恤。朔望展礼，僾忾见闻。周垣乔松偃盖，郁翠干霄，望之起敬起爱。原庙衣冠古昔沿，天兴神御至今传。有承秩秩斯为美，对越昭昭俨在天。春露秋霜兴感切，瞻云就日致孚乾。式思曩昔含饴泽，敢缺因时献果虔。实实閟宫龙接宇，深深元寝凤翔筵。羹墙如见依灵囿，朔望来斋比奉先。钔器黄金仍两序，泠箫白玉备宫悬。万年佑启垂谟烈，继序兢兢矢勉旃。”

图中，建筑群位于山峦环抱之中，位置幽静隐秘，山中种植有大面积的松林。入山的通道在画面左下角，松林之中可见前后两排共六座牌坊。牌坊右上位置画有三座三拱石拱桥，桥身为汉白玉砌成，再往后为安佑宫入口牌坊。牌坊为七顶四柱三间样式，共有三座牌坊，一座位于桥端，两座相对而建，呈“品”字形布局。牌坊后为红色的宫墙和宫门。宫门有三个拱状门洞，门柱之间为影壁。两边各有一个小便门，门上的屋檐均为歇山顶。宫门内为前殿，面阔五间，歇山顶，前出廊。前殿后为中院，院内主殿面阔九间，重檐歇山顶，屋顶铺黄色琉璃瓦，脊端有螭吻、走兽，前出廊，月台环绕石造栏杆。主殿两边各有一座重檐戒坛和配殿，内外两圈宫墙围合中院。总体来说，宫墙墙壁、建筑立柱均为红色，屋顶铺设黄色琉璃瓦，脊端有吻兽等装饰，外观富丽堂皇，这表明安佑宫建筑形制规格最高。在绿色山峦森林之中，建筑群具有非常醒目的效果（图4-3-1-17）。

第十八景图为《汇芳书院》，是园内重要的书院式建筑群。图像显示，建筑群靠近圆明园宫墙，三面临水，地势平坦。书院总体呈院落式布局，规整形院落三处，环状院落一处。书院的中间与右边跨院为方形院落。中路前后三栋建筑。前面一栋为门屋，面阔五间，中间三间为穿堂，卷棚悬山顶。中间一栋为抒藻轩，面阔五间，后接抱厦，卷棚勾连搭顶。后面一栋为涵远斋，面阔七间，卷棚悬山顶。左边跨院以回廊围合，主体建筑为面水而建的翠照轩，与中院之间以格网篱笆墙分隔空间。右跨院为环形院落，主体建筑为竹深荷静楼、倬云楼和眉月轩。竹深荷静楼高两层，单檐顶，长十五间，前端与倬云楼呈“丁”字形连接。倬云楼面水而建，高两层，面阔三间，前出廊，歇山卷棚顶。眉月轩平面呈月牙形，面阔九间，屋顶为平台，可观水景，两边伸出环形游廊与倬云楼和竹深荷静楼相接。水边有两座亭子，近处的为挹秀亭，重檐四方攒尖顶，与面阔三间的随安室相通。远处为秀云亭，通过游廊与左边跨院相连。书院之中种有梨树、梧桐、竹子，水边有柳树和桃花。总体来说，汇芳书院三面环水，环境自然清幽，建筑造型较为朴素，布局也较为灵活，充分利用了周围的水景（图4-3-1-18）。

对页题字，“汇芳书院：阶除闲敞，草卉丛秀。东偏学月牙形，构小斋数椽，旁列虚亭。奇石负土争出，穴洞谽谺，翠蔓蒙络，可攀扪而上。问津石室，何必灵鹫峰前？书院新开号汇芳，不因叶错与华裳。菁莪棫朴育贤意，佐我休明被万方。”

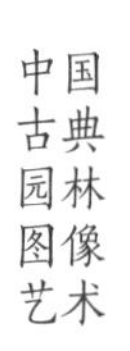

图 4-3-1-17
[清]唐岱、沈源《圆明园四十景图》——《鸿慈永祜》

图 4-3-1-18
[清] 唐岱、沈源《圆明园四十景图》——《汇芳书院》

第十九景图为《日天琳宇》。对页题字，“紫微丹地中，立一化城。截断红尘，觉同此山光水色，一时尽演圆音矣。修修释子，渺渺禅栖。踏著门庭，即此是普贤愿海。天外标化城，不许红尘杂。云台宝网中，时有钟鱼答。”

图像中大幅画面展示了连绵起伏的山峦翠嶂、郁郁葱葱的树林和萦绕的河渠溪流。画面中下部的山坳之中为日天琳宇建筑群，建筑较为集中，形成三路院落式格局。中路、左路均为前后三栋建筑。左路为瑞应宫，前后三栋建筑，两进院落。三栋建筑分别为仁应殿、和感殿和晏安殿，仁应殿面阔五间，卷棚歇山顶，和感殿面阔三间，晏安殿面阔五间，卷棚悬山顶。仁应殿前院两隅立有两个高桅杆。中路前后三栋建筑立于一个院落中，前后两栋面阔五间，中间一栋面阔七间，均为卷棚悬山顶。右路建筑体量较大，为日天琳宇的核心建筑组团。右路前后两栋楼阁，图像中显示前楼面阔为十三间，后楼面阔十一间，两楼均高两层，前楼左起第三间向前突出两层高的抱厦一间，右起第四间伸出平台廊。前后楼之间由穿堂楼道连接（图4-3-1-19）。

第二十景图为《澹泊宁静》，位于后湖以北。画面描绘了一派田园风光。近景为坡地、树丛和水面，远景为连绵的山体。水面上有一条横向的土堤，堤上种有花木，建有四座建筑。体量最大、最醒目的为澹泊宁静殿，该殿为皇帝举行犁田仪式的地方，平面呈“田”字形，十字脊屋顶，各面均面阔七间，四面出廊。右侧有一座面阔三间的小屋，左侧有两栋平顶建筑，体量均较小。建筑之间种有桃树、绿色乔木，空地上搭建有藤架，不远处还有犁田地（图4-3-1-20）。

对页题字，“澹泊宁静：仿田字为房，密室周遮，尘氛不到。其外槐阴花蔓，延青缀紫，风水沦涟，蒹葭苍瑟，澹泊相遭洵矣。视之既静，其听始远。青山本来宁静体，绿水如斯澹泊容。境有会心皆可乐，武侯妙语时相逢。千秋之下对纶羽，溪烟岚雾方重重。工部尚书臣汪由敦奉敕敬书。”

第二十一景图为《映水兰香》。对页题字，“映水兰香：在澹泊宁静少西，屋傍松竹交阴，翛然远俗。前有水田数棱，纵横绿荫之外，适凉风乍来，稻香徐引，八百鼻功德兹为第一。园居岂为事游观？早晚农功倚槛看。数顷黄云黍雨润，千畦绿水稻风寒。心田喜色良胜玉，鼻观真香不数兰。日在豳风图画里，敢忘周颂命田官？”

画面展示为一片农业景观。图像左侧为隆起的山脉，右下方为农田和水面。农田与山冈之间的平地上栽种有巨大的松树和竹林。松林间透出建筑的一角。建筑物布局较为随意，风格朴素，主体建筑多稼轩，面阔七间，左边伸出抱厦一间，建筑前有院墙围合成小院。前方有一栋两层小楼观稼轩，面阔三间，前出廊，面朝农田，二层三面通透无槛窗。岸边右散分布一些建筑，均为农舍的形态（图4-3-1-21）。

图 4-3-1-19
[清] 唐岱、沈源《圆明园四十景图》——《日天琳宇》

图 4-3-1-20
[清] 唐岱、沈源《圆明园四十景图》——
《澹泊宁静》

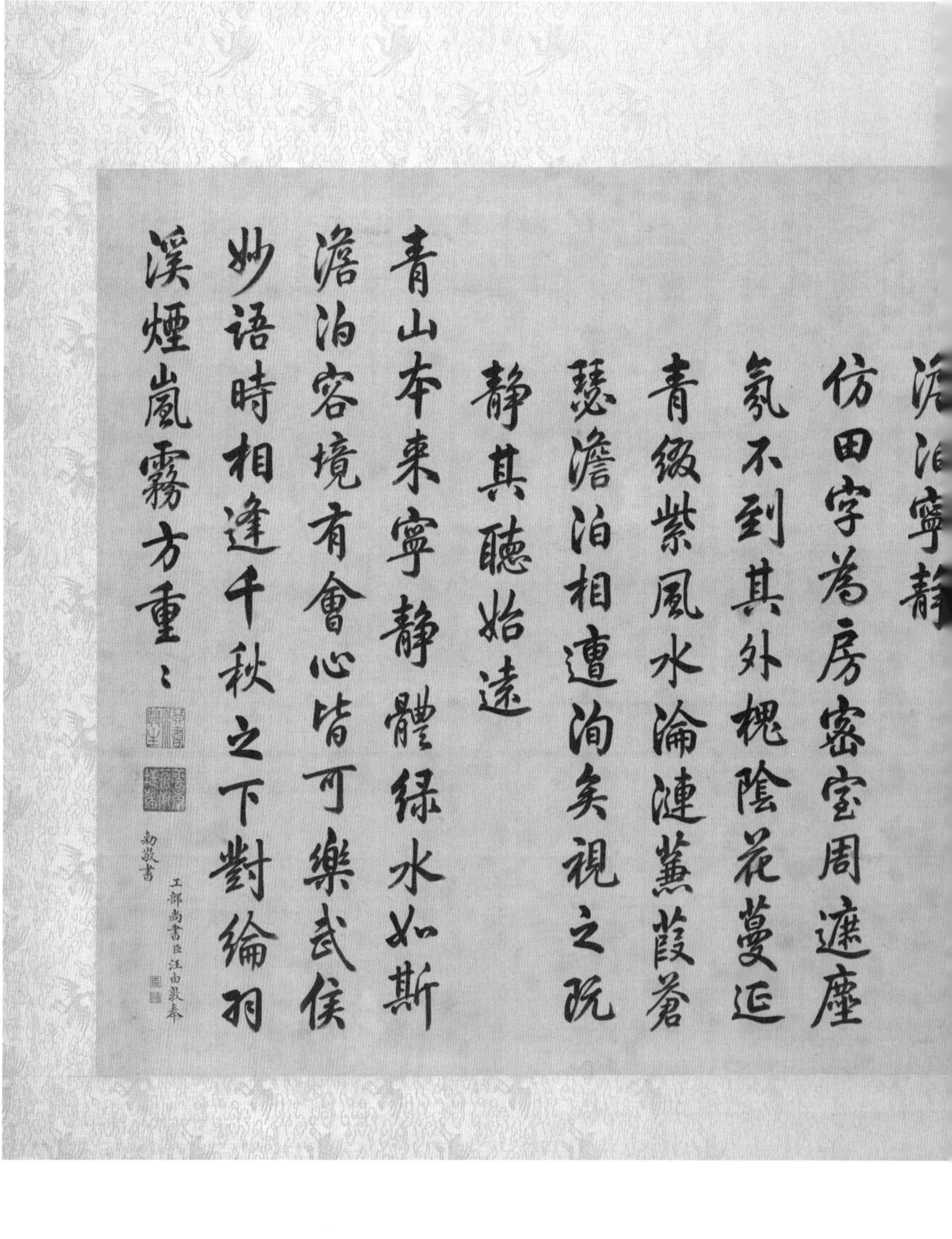

乾隆九年甲子九月奉
勅臣唐岱臣沈源恭画

图 4-3-1-21
[清] 唐岱、沈源《圆明园四十景图》——《映水兰香》

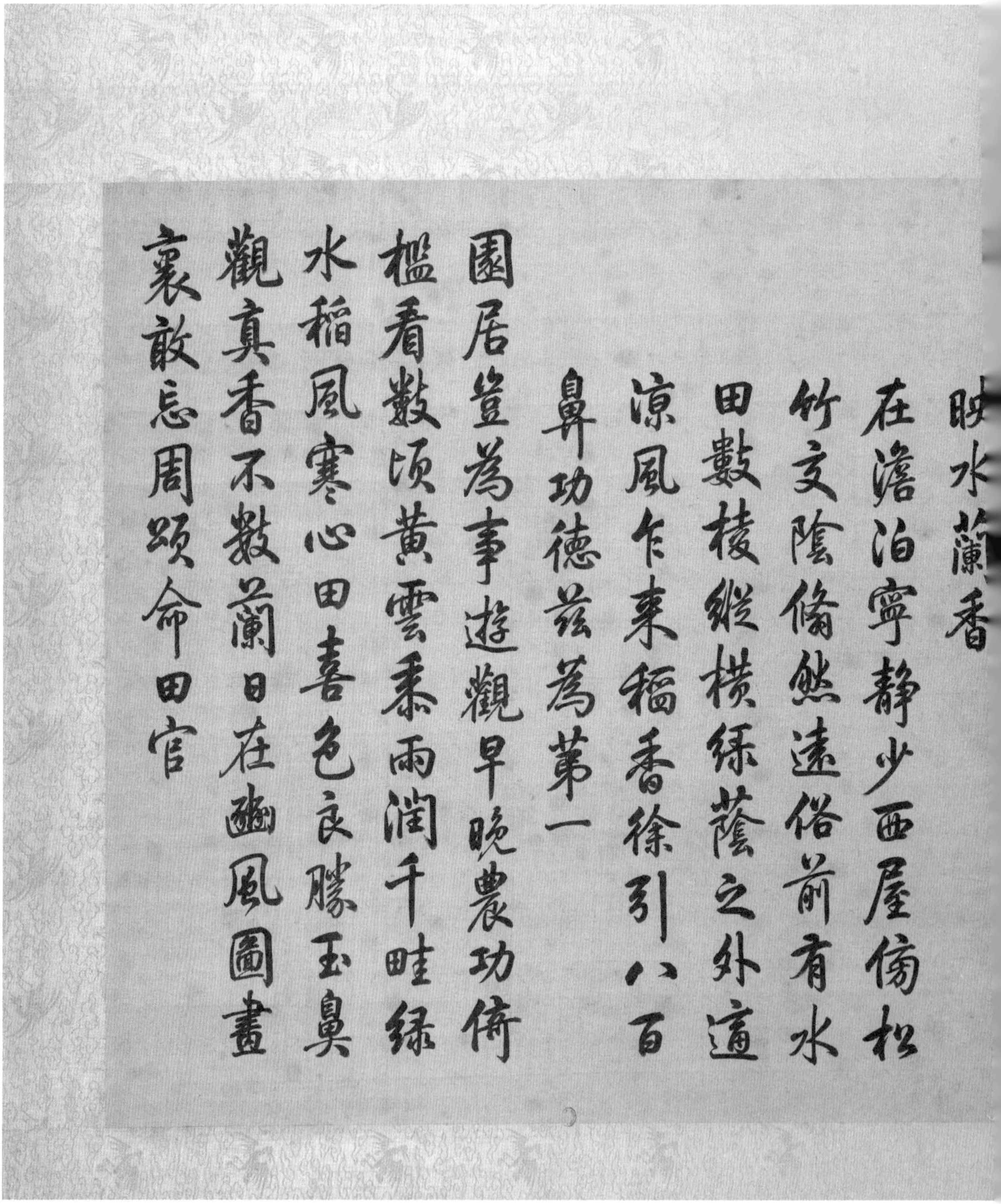

映水蘭香

在澹泊寧靜少西屋傍松竹交陰翛然遠俗前有水田數棱縱橫綠蔭之外適涼風乍來稻香徐引八百鼻功德茲為第一

園居豈為事遊觀早晚農功倚檻看數頃黃雲黍雨潤千畦綠水稻風寒心田喜色良勝玉鼻觀真香不數蘭日在豳風圖畫裏敢忘周頌命田官

第二十二景图为《水木明瑟》。画面右方为层层山峦，左方有一大片农田，农田两边各有一条水渠，渠水汇入前方的河流之中。在山、田、河之间，分布有两组建筑。中心组群包括钓鱼矶亭、印月池殿和丰乐轩。丰乐轩建于水池边，面阔三间，卷棚悬山顶，前出廊，山墙上有花窗。丰乐轩前有小院，栽种有茶花，左边有顺河岸而建的游廊，游廊一端接印月池殿，一端接钓鱼矶亭。印月池殿建于河渠台基上，面阔三间，前出廊，殿前种有桃花树、玉兰树，钓鱼矶亭为建于高台基上的四方亭，柱间以槛窗围合，歇山顶。印月池殿右上方有两座房屋，前面的为知耕织，面阔三间，后面的为濯鳞沼，面阔五间。濯鳞沼前有小院，以游廊和栅栏围合。画面左边有一栋被树木遮挡一半的建筑，名为水木明瑟堂，建筑立于沟渠之上，面阔三间，前出廊，堂内引西洋水法转动风扇，供使用者降温避暑。稻田右上角的沟渠上建有一座两层高的重檐四方阁，面阔三间，底层四面出廊，二层为六边形，亭顶为攒尖顶。此阁后改为文渊阁，收藏有《四库全书》《古今图书集成》（图4-3-1-22）。

对页题字，“水木明瑟（调寄秋风清）：用泰西水法引入室中，以转风扇。泠泠瑟瑟，非丝非竹，天籁遥闻，林光逾生净绿。郦道元云：竹柏之怀，与神心妙达；智仁之性，共山水效深。兹境有焉。林瑟瑟，水泠泠。溪风群籁动，山鸟一声鸣。斯时斯景谁图得？非色非空吟不成。”

第二十三景图为《濂溪乐处》。图像中心是一座水体环抱的洲岛，洲岛一半为坡地，一半为平坦地。溪流外侧有山体围合，画面左下方有出水口，形成山绕水、水绕岛的景观格局。濂溪乐处建筑群位于洲岛前部的平坦地上，主殿面阔七间，卷棚歇山顶，前面、后面均挑出抱厦五间。后殿为知过堂，面阔七间，其右边有一座四方攒尖顶的积秀亭，其间通过游廊相连接。主殿右边有一座耳房，称为延云殿。延云殿前为水云居，屋顶为观景平台，绕以朱栏。与水云居相对的为一座水院，名为芰荷深处，以水廊围合，水廊前方为主屋，面阔七间，两侧伸出三开间耳房。后面一座三开间歇山顶水阁，与主屋相对。水院左方伸出一座观水亭。水院、水云居和主殿共同围合成前院。洲岛前方有一座水阁，歇山顶，面阔五间，四面通透。图中水院、河流中均画了大量的荷叶，尤其是水廊、水阁前的荷叶密度很大，可见此景以荷花为景观特色，建筑大多临水布置，体现了观赏荷花的游憩型功能（图4-3-1-23）。

对页题字，“濂溪乐处：苑中菡萏甚多，此处特盛。小殿数楹，流水周环于其下。每月凉暑夕，风爽秋初，净绿纷红，动香不已。想西湖十里，野水苍茫，无此端严清丽也。左右前后皆君子，洵可永日。水轩俯澄泓，天光涵数顷。烂漫六月春，摇曳玻璃影。香风湖面来，炎夏方秋冷。时披濂溪书，乐处惟自省。君子斯我师，何须求玉井！”

图 4-3-1-22
[清]唐岱、沈源《圆明园四十景图》——《水木明瑟》

图 4-3-1-23
[清]唐岱、沈源《圆明园四十景图》——《濂溪乐处》

第二十四景图为《多稼如云》，描画了圆明园北部的山野农田景色。画中横向走势的山冈前后均为水面，一条土堤将前方的水面分成池塘和河流两部分，土堤围合的部分种满了荷花，堤岸边种有柳树等植被，土堤上建有一座单孔石拱桥。建筑集中在画面左部荷花池前，前屋名为芰荷香，面阔三间，歇山顶，四面出廊，面向荷花池而建。主屋多稼如云位于前屋后面，面阔五间，左边有耳房，L形回廊与前屋、主屋构成院落。主屋左后方另有一座回廊方院，临水而建，院内有两栋建筑。画面左下角梧桐树下另有一栋三开间悬山顶的屋宇，屋宇后有一条石梁横跨溪流（图4-3-1-24）。

对页题字，“多稼如云：坡有桃，沼有莲，月地花天，虹梁云栋，巍若仙居矣。隔垣一方，鳞塍参差，野风习习，袯襫蓑笠往来，又田家风味也。盖古有弄田，用知稼穑之候云。稼穑艰难尚克知，黍高稻下入畴咨。弄田常有仓箱庆，四海如兹念在兹。”

第二十五景图为《鱼跃鸢飞》，是一处靠近宫墙的养鱼观鱼场所。对页题字，“鱼跃鸢飞：榱桷翼翼，户牖四达。曲水周遭，俨如萦带。两岸村舍鳞次，晨烟暮霭，蓊郁平林。眼前物色，活泼泼地。心无尘常惺，境惬赏为美。川泳与云飞，物物含至理。”

画面上半部为云雾、天空和远处的群山，主体景物安排在画面下半部，一条横向的河流将其分成两部分。河流前方的主体建筑为鱼跃莺飞楼，楼高两层，重檐四方攒尖顶，底层面阔进深均五间，二层面阔进深三间，均四面出廊。楼前有三开间厢房畅观轩，左前方为溪山殿，围合成方院，院内有置石石峰和花木，前方为圆明园的内宫墙。河流后面为农田和山冈，山冈之间的凹地中建有农舍群，农舍后为圆明园的外宫墙。最右边有一座城楼，为圆明园的北入口（图4-3-1-25）。

第二十六景图为《北远山村》，位于圆明园北、鱼跃鸢飞景点以东。对页题字，“北远山村：循苑墙度北关，村落鳞次，竹篱茅舍，巷陌交通，平畴远风，有牧笛渔歌与舂杵应答。读王储田家诗，时遇此境。矮屋几楹渔舍，疏篱一带农家。独速畦边秧马，更番岸上水车。牧童牛背村笛，馌妇钗梁野花。辋川图昔曾见，摩诘信不我遐。”

画中有大面积的农田和树林地，远处山冈起伏，在树木之中隐约可见一条横向的河流与园内水系相通。建筑物形象集中在画面中部偏下河边的位置。右边为寺庙，应为祭祀水神、雨神之处。其他建筑均为民舍的式样，错落排列于河边，面阔不超过三间，悬山顶，暖褐色的窗棂。建筑形象朴素，画面有牧笛渔歌之意境（图4-3-1-26）。

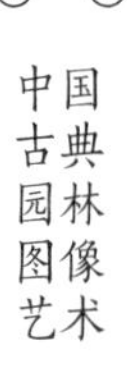

图 4-3-1-24
[清]唐岱、沈源《圆明园四十景图》——《多稼如云》

图 4-3-1-25
[清]唐岱、沈源《圆明园四十景图》——《鱼跃鸢飞》

图 4-3-1-26
[清] 唐岱、沈源《圆明园四十景图》——《北远山村》

第二十七景图为《西峰秀色》。对页题字，“西峰秀色：轩楹洞达，面临翠巘。西山爽气，在我襟袖。后宇为含韵斋，周植玉兰十馀本。方春花气袭人，宛入众香国里。垲地高轩架木为，朱明飒爽如秋时。不雕不斫太古意，讵惟其丽惟其宜。西窗正对西山启，遥接峣峰等尺咫。霜辰红叶诗思杜，雨夕绿螺画看米。亦有童童盘盖松，重基特立孰与同？三冬百卉凋零尽，依然郁翠惟此翁。山腰兰若云遮半，一声清磬风吹断。疑有苾蒭单上参，不如诗客窗中玩。结构既久苍苔老，花棚药畤相萦抱。凭栏送目无不佳，趺榻怡情良复好。春朝秋夜值几馀，把卷时还读我书。斋外水田凡数顷，较晴量雨谘农夫。清词丽句个中得，消几丁丁玉壶刻。但忆趋庭十载前，徊徨无语予心恻（是地轩爽明敞，户对西山，皇考最爱居此）。”

画面中两山之间，流出涔涔清泉，汇成瀑布，名为小匡庐，溪涧环绕中心洲岛，洲岛前方为隆起的石冈和土冈，主建筑群即坐落于冈坡后面的平地上。此处建筑较为密集，成规整合院格局。最右边滨岸上为一座“西峰秀色”敞厅，面阔三间，歇山顶，面朝溪流，是观赏小匡庐瀑布和西面山峰的绝佳地点。最靠近敞厅的为含韵斋小院。该院由回廊围合，主体建筑含韵斋面阔五间，前后出抱厦各五间，三卷棚勾连搭顶。含韵斋小院左边为一堂和气屋和自得轩，均面阔三间，自得轩三面隔出抱厦一间。各院以院墙、栅栏墙分隔，院中种植有玉兰、枫树等花木。此景之中，小匡庐和中岛长青洲成为观赏的焦点，小匡庐中有多座置石，是影响瀑布落水形态的重要因素，也是观赏的重要对象。长青洲上有弥补的青松，岛上有大量的置石石峰，形态各异（图4-3-1-27）。

第二十八景图为《四宜书屋》。对页题字，“四宜书屋：春宜花，夏宜风，秋宜月，冬宜雪，居处之适也。冬有突夏，夏室寒些，骚人所艳，允矣兹室，君子攸宁。秀木千章绿阴锁，间间远峤青莲朵。三百六日过隙驹，弃日一篇无不可。墨林义府足优游，不羡长杨与驳娑。风花雪月各殊宜，四时潇洒松竹我。”

根据题字，“四宜”的解释为“春宜花，夏宜风，秋宜月，冬宜雪”，实为此景区四季观赏和品味的对象。图中显示，书屋背倚高冈，前临溪流，山坳环绕，环境隐蔽而且幽静。主建筑四宜书屋高两层，歇山卷棚顶，前后出廊，面阔、进深均三间，屋后有大片的松林，屋前较为空旷。其他建筑均为一层，面阔三间，悬山顶。左侧水边有一座水阁，前出抱厦，三面出廊。书屋的入口位于右下方船舶停靠处，前方有木板拱桥与其他洲岛相通（图4-3-1-28）。

图 4-3-1-27
[清]唐岱、沈源《圆明园四十景图》——《西峰秀色》

图 4-3-1-28
[清]唐岱、沈源《圆明园四十景图》——《四宜书屋》

第二十九景图为《方壶胜境》，位于福海的港湾处。福海是圆明园中三大湖面之一，位于圆明园东部，面积广阔，视野开阔。方壶胜境是圆明园中较为重要的寺庙建筑群。对页题字，“方壶胜境：海上三神山，舟到风辄引去，徒妄语耳。要知金银为宫阙，亦何异人寰。即境即仙，自在我室，何事远求？此方壶所为寓名也。东为蕊珠宫，西则三潭印月。净渌空明，又辟一胜境矣。飞观图云镜水涵，拏空松柏与天参。高冈翙羽鸣应六，曲渚寒蟾印有三。鲁匠营心非美事，齐人搤掔只虚谈。争如茅土仙人宅，十二金堂比不惭。”

图中，方壶胜境建筑群恰巧位于水面的中间，两边与岸矶相连，将水体分成前后两部分。总体来说，建筑群按照寺院格局布置，中轴对称，法度严谨。前部的中心建筑为方壶胜境殿，建于水边的汉白玉高台上，面阔五间，四面出廊，重檐歇山顶，正脊脊端有吻兽。方壶胜境殿两边各有一座配殿，分别为锦绮楼与翡翠楼，均为单檐歇山顶，外观为两层。前方有三座巨亭深入湖心，中间的迎熏亭为四方重檐攒尖顶，建于水中的汉白玉高台基上，月台四角铸有四头铜兽。两边的为凝祥亭和集瑞亭，均为重檐十字脊屋顶，底层各面出抱厦一间，各抱厦均为歇山顶，造型玲珑剔透、富丽堂皇。通过回廊。方壶胜境殿后面为高台，台上建有两排六座建筑。前排中间的主殿为哕鸾殿，高两层，面阔五间，四面出廊。两边的配殿高两层，殿顶铺黄琉璃瓦绿色镶边，面阔三间，四面出廊。后排中间主殿为琼华楼，形制与哕鸾殿相同，不同之处在于哕鸾殿殿顶全铺黄色琉璃瓦，而琼华楼殿顶为蓝色琉璃瓦镶边。后排两侧配殿与前排配殿形制相通，殿顶改为绿色琉璃瓦黄色镶边。六座殿宇之间以游廊相连接。左边另有一处别院蕊珠宫，合院布局，主殿面阔五间，两边各有两座配殿和跨院，是园内的寝宫之一。方壶胜境之后另有建筑群天宇空明与其隔水相对，呈合院布局，左右基本对称。方壶胜境两边以岸矶连接山冈，右边山脉余角之处有一座单孔石拱桥“涌金桥”，过桥为一座三开间敞榭，立于岸边，直面迎熏亭。其后有长廊沿滨岸连接四处亭子和一座屋宇（图4-3-1-29）。

第三十景图为《澡身浴德》，图中所绘景点位于福海西岸。画面中右下部为湖面，滨岸线自左下方向右上角延伸，岸边山冈起伏，岸边空地分布着三处建筑。左下角临湖的为澄虚榭，建于石砌高台上，主屋面阔三间，面朝湖面，两边各有一座厢房，以游廊连接。主屋前有一座平台，围以朱栏，前面开口可下台阶登船。滨岸中部石砌高台上建有一座敞厅“溪山罨画”，卷棚歇山顶，面阔三间，是观赏福海之景的地方。滨岸左上角为望瀛洲亭，单檐四方攒尖亭顶，该亭与曲廊连接，沿廊通向后方的三座屋宇（图4-3-1-30）。

对页题字，“澡身浴德：福海西壖，平漪镜净，黛蓄膏停，竹屿芦汀，极望弥弥。浴凫飞鹭，游泳翔集。王司州云：非惟使人情开涤，亦觉日月清朗。苓香含石髓，秋水长天色。不竭亦不盈，是惟君子德。我来俯空明，镜已默相识。鱼跃与鸢飞，如如安乐国。”

图 4-3-1-29
[清]唐岱、沈源《圆明园四十景图》——《方壶胜境》

图 4-3-1-30
[清]唐岱、沈源《圆明园四十景图》——《澡身浴德》

第三十一景图为《平湖秋月》。对页题字，“平湖秋月（调寄浣溪纱）：倚山面湖，竹树蒙密，左右支板桥，以通步屧。湖可数十顷。当秋深月皎，潋滟波光，接天无际。苏公堤畔，差足方兹胜概。不辨天光与水光，结璘池馆庆霄凉，蓼烟荷露正苍茫。白傅苏公风雅客，一杯相劝舞霓裳，此时谁不道钱塘？”

画面下半部为湖面，岸上丘陵起伏，两条溪涧一左一右自山背流入福海。左边的水口跨有木板平桥，右边的水口架有石拱桥。画面左部山前水边的空地上坐落着平湖秋月建筑群。主殿平湖秋月殿面阔三间，卷棚歇山顶，四面出廊，前有敞榭七间，围合成方院。主殿左边有两栋建筑，均面阔三间，各有院墙围合成前院。左后方水边有一座临水四方亭，与主殿之间通过折廊相连。右边的山崖下建有一座高台，台上为重檐四方亭。岸边多种花木与常绿乔木，主殿后有大片的竹林（图4-3-1-31）。

第三十二景图《蓬岛瑶台》，所绘景观位于福海中央。对页题字，“蓬岛瑶台：福海中作大小三岛，仿李思训画意，为仙山楼阁之状。岧岧亭亭，望之若金堂五所、玉楼十二也。真妄一如，小大一如，能知此是三壶方丈，便可半升铛内煮江山。名葩绰约草葳蕤，隐映仙家白玉墀。天上画图悬日月，水中楼阁浸琉璃。鹭拳净沼波翻雪，燕贺新巢栋有芝。海外方蓬原宇内，祖龙鞭石竟奚为？”

画面以水面为背景，以细腻的笔法刻画出了湖面波光粼粼的水波感。画面中部偏下的位置画有三座湖心岛，岛距离较近，其间架有折桥相通。中岛较大，岛上建有一座回院。画面中入口门殿镜中阁位于前方，面阔三间，屋顶中央有一座歇山顶小阁楼，两边各有五开间的耳房，临水面出廊，主入口前汉白玉台阶深入水面。院内正殿为蓬岛瑶台殿，面阔七间，前出抱厦五间，卷棚勾连搭悬山屋顶，琉璃瓦铺屋面。院内有两座配殿，左边为神舟三岛平台殿，屋顶可做观景平台，右边为两层高三开间的畅襟楼。右边岛上种有垂柳，岛中建有一座瀛海仙山六方亭。左后方的小岛上建有回院和仓房（图4-3-1-32）。

第三十三景图《接秀山房》，所绘建筑位于福海东南岸。图中滨岸和岗地位于画面左下部，沿岸的空地上分布有两处建筑群和数座单独的建筑。滨岸右上段有两座临湖建筑，一座为重檐四方亭，另一座为三开间面朝湖面的屋宇，前接抱厦，月台挑出滨岸形成观景平台，两者之间以架设于水面上的走廊相连。滨岸中部为一座水榭，侧壁开有月洞门，前面朱栏围合。滨岸下段有由三座建筑围合的小院，一座三开间，前接抱厦一间，侧边接一座耳房。山墙边立有半廊。一座为临水的平台殿。另一座为三开间的屋宇。左下方水口处建有一座六边攒尖亭。岸边植有松树、梅花树和枫树。左上角画有岛屿一角，岛上种有柳树（图4-3-1-33）。

对页题字，“接秀山房：平冈萦回，碧沚停蓄，虚馆闲闲，境独夷旷。隔岸数峰逞秀，朝岚霏青，返照添紫，气象万千，真目不给赏情不周玩也。烟霞供润浥，朝暮看遥兴。户接西山秀，窗临北渚澄。琴书吾所好，松竹古之朋。仿佛云林衲，携筇共我登。”

图 4-3-1-31
[清]唐岱、沈源《圆明园四十景图》——《平湖秋月》

图 4-3-1-32
[清] 唐岱、沈源《圆明园四十景图》——《蓬岛瑶台》

图 4-3-1-33
[清] 唐岱、沈源《圆明园四十景图》——《接秀山房》

第三十四景图《别有洞天》，位于福海东南岸。对页题字，“别有洞天：苑墙东出水关曰秀清村。长薄疏林，映带庄墅，自有尘外致。正不必倾岑峻涧，阻绝恒蹊，罕得津逮也。几席绝尘嚣，草木清且淑。即此凌霞标，何须三十六？”

图中采用了雪景画法，屋顶堆满白雪。画面上部大面积留白，给人以湖面空旷之感。一条溪涧从左方自湖面引入，向右转一直流入城关水门。溪流前后岸均有起伏的山地，建筑集中在岸边的空地上。别有洞天殿位于后岸边，面阔五间，前出廊，左侧有长廊连接三开间的屋宇，右侧有耳房，在河湾转角处形成小院，前面开有月洞门。前岸建筑基本为面阔三间，沿河岸和道路排列。较为醒目的为一座面水的平台殿，面阔三间，四面出廊，屋顶围以朱栏，并建有一座四方小亭（图4-3-1-34）。

第三十五景图《夹镜鸣琴》，位于福海南岸。画家以大面积空白表示空旷的湖面。画面右下角有高高凸起的山崖，山崖上建有一座寺庙广育宫。庙墙为红色，墙顶有琉璃瓦屋檐。墙内可见到黄色琉璃瓦铺设的歇山屋顶。山崖的石缝中生长出几株青松。山下为内河河道和河口。在河口水面上建有石桥，石桥下为方形水门，桥上建有夹镜鸣琴亭。该亭为重檐四方攒尖顶，视线通透，视野极佳。画面下部的河边滨岸上建有两座建筑。石桥左边小岛的山冈后可隐约见到亭子一角（图4-3-1-35）。

对页题字，“夹镜鸣琴（调寄水仙子）：取李青莲两水夹明镜诗意，架虹桥一道，上构杰阁，俯瞰澄泓，画栏倒影，旁崖悬瀑，水冲激石罅，琤琮自鸣，犹识成连遗响。垂丝风里木兰船，拍拍飞凫破渚烟。临渊无意渔人羡，空明水与天。琴心莫说当年。移情远，不在弦，付与成连。”

第三十六景图描画福海东岸的涵虚朗鉴建筑群。对页题字，“涵虚朗鉴：结宇福海之东，左右云堤纡委，千章层青。面前巨浸空澄，一泓净碧。日月出入，云霞卷舒。远山烟岚，近水楼阁。来不迎而去不距，莫不落其度内，如如焉亦无如如者，吾得之于濠上也。涵虚斯朗鉴，鉴朗在虚涵。即此契元理，悠然对碧潭。云山同妙静，鱼鸟适清酣。天水相忘处，空明共我三。”

画面采取自南向北俯瞰的角度，沿湖外围是连绵的山冈，滨岸边建有三处建筑群。左下方为两栋建筑，一栋朝南，高两层，一栋面湖朝西，面阔三间，前出抱厦，卷棚勾连搭悬山顶。其右上方湖边有两栋建筑，一栋面湖、山墙，出抱厦，一栋为重檐四方阁，底层四面出廊，两者之间由平台相连，平台临湖一侧绕以朱栏，靠山体的一侧建有墙体，墙上开有形态各异的漏窗。重檐四方阁右上方有两幢屋宇，造型较为平淡。滨岸线在此处向左上方伸展，过溪流有四栋建筑背山面湖，其中两栋为两层楼阁，均面阔五间，前出廊，另两栋面阔三间，一栋前出抱厦三间。湖中画有芦苇丛，屋后有竹林，岸边有梅花树，植物种类较为丰富（图4-3-1-36）。

图 4-3-1-34
[清]唐岱、沈源《圆明园四十景图》——《别有洞天》

图 4-3-1-35
[清]唐岱、沈源《圆明园四十景图》——《夹镜鸣琴》

图 4-3-1-36
[清]唐岱、沈源《圆明园四十景图》——《涵虚朗鉴》

第三十七景图《廓然大公》，位于福海西北岸。画面右下角为福海湖面，岸上山势起伏，山冈之间有平坦的农田和池塘。池塘前面有一组合院建筑。前为双鹤斋，面阔五间，前出廊，接抱厦五间，卷棚勾连搭悬山顶。后面为廓然大公殿，亦面阔五间，面向池塘接抱厦，两边有回廊与双鹤斋围合中心庭院。右方有一面阔三间的屋宇，以院墙围合形成跨院。池塘后面的空地上分布有平台殿、游廊、楼宇。池后一座山冈高高隆起，坡上以垒石、条石叠成石峰，峰顶建有启秀亭。画面下方画有山高先得月亭，该亭位于湖边山坡上的石砌台基上，造型为四方单檐攒尖顶。湖边还有临湖楼，高两层，背山面湖，前出廊。楼前种有桃树，一侧建有两座屋宇。画面左下方有一片竹林，以栅栏围合，竹林前有两座建筑，建筑风格较为朴素（图4-3-1-37）。

对页题字，“廓然大公：平冈回合，山禽渚鸟远近相呼。后凿曲池，有蒲菡萏。长夏高启北窗，水香拂拂，真足开豁襟颜。有山不让土，故得高巇巇。有河不择流，故得宽弥弥。是之谓大公，而我以名此。偶值清晏闲，凭眺诚乐只。识得圣人心，闻诸程夫子。”

第三十八景图《坐石临流》，位于后湖东北。对页题字，“坐石临流：仄涧中潨泉奔汇，奇石峭列，为坻为碕，为屿为奥。激波分注，潺潺鸣濑，可以漱齿，可以泛觞。作亭据胜，泠然山水清音。东为同乐园。白石清泉带碧萝，曲流贴贴泛金荷。年年上巳寻欢处，便是当时晋永和。”

该景图视点较远，刻画的范围包括坐石临流和舍卫城外中轴线两侧的建筑景观。画面前方、左侧为湖面，一条中心大道自湖边从左下向右上方延伸，直至城关门楼。大道两侧建筑密集，包括值房、同乐园、抱朴草堂等。从图中可看出，大道两侧为面街的铺面房，两层楼阁较多，且临街一面多有出廊。右下方的建筑形成回院格局，是圆明园中最大的戏院——同乐园。同乐园内建筑多为两层，前后主楼面阔五间，园内清音阁为著名的戏台。在主建筑群左上部有一条溪涧，溪涧两侧怪石林立，水中有一座重檐歇山顶三开间的大亭，称为坐石临流亭（图4-3-1-38）。

第三十九景图《曲院风荷》，对页题字，“曲院风荷：西湖曲院，为宋时酒务地，荷花最多，是有曲院风荷之名。兹处红衣印波，长虹摇影，风景相似，故以其名名之。香远风清谁解图，亭亭花底睡双凫。停桡堤畔饶真赏，那数余杭西子湖。”

该景点名称与杭州西湖十景之一同名，在题字中也明确指出此景为模仿西湖而作。画面中心为巨大的池塘。池边以土堤萦绕，形成沟渠、河湾、池沼多种水体形态。池中为一条横跨左右的石拱桥——金鳌玉克桥，桥面拱起，两边筑有汉白玉栏杆，桥下有九个拱洞，是四十景图中最长、最大的一座桥。桥两端入口各有一座牌坊，均为四柱三间形制。左边牌坊紧邻饮练长虹亭，亭高两层，底层四方形，上层圆形，亭顶为攒尖顶。主建筑群位于池塘后面的平地上。主殿为曲院风荷殿，面朝池沼，面阔五间。[1]建筑群前方有一座单檐两层亭，平面四方形，二层有台阶直通地面，此亭造型在景图中为孤例。岸边桃红柳绿，营造出西湖的植被意境（图4-3-1-39）。

---

① 端木泓：《圆明园新证——曲院风荷考》，故宫博物院院刊：2009年第6期，第14—29页。

图 4-3-1-37
[清] 唐岱、沈源《圆明园四十景图》——《廓然大公》

图 4-3-1-38
[清] 唐岱、沈源 《圆明园四十景图》——《坐石临流》

图 4-3-1-39
[清] 唐岱、沈源《圆明园四十景图》——《曲院风荷》

第四十景图为《洞天深处》，位于圆明园东南角，位置隐秘，是皇子读书之处。对页题字：“洞天深处：缘溪而东，径曲折如蚁盘。短椽陋室，于奥为宜。杂植卉木，纷红骇绿，幽岩石厂，别有天地非人间。少南即前垂天贶，皇考御题，予兄弟旧时读书舍也。幽兰泛重阿，乔柯幕憩榭。牝壑既虚寂，细瀑时淙泻。瑟瑟竹籁秋，亭亭松月夜。对此少淹留，安知岁月流？愿为君子儒，不作逍遥游。乾隆甲子夏六月御制。工部尚书臣汪由敦奉敕敬书。”

图像中建筑所占比重较大，两条直路、一条河渠自右上向左下方延伸，将建筑分成三个集群。右边两个集群为规整的合院布局，分为四处较大的合院。右上角小院为宫廷画院如意馆所在。其他为皇子居所，普遍采用门房三间、前殿五间、后殿五间、后罩房十一间的形制，另有厢房、耳房等配房。河渠右岸有一处回院，前殿前垂天贶殿，后殿为中天景物殿，均为五开间，悬山顶，前出廊，通过回廊围合成院。中天景物殿左后方有一座两层重檐大亭，底层四方形，二层六边形。中天景物殿后面为溪流，跨溪架有木板桥，对岸有一排建筑。其中的主殿为后天不老殿，面阔五间，前出廊，殿后河渠直通园光门（图4-3-1-40）。

图 4-3-1-40
[清] 唐岱、沈源《圆明园四十景图》
——《洞天深处》

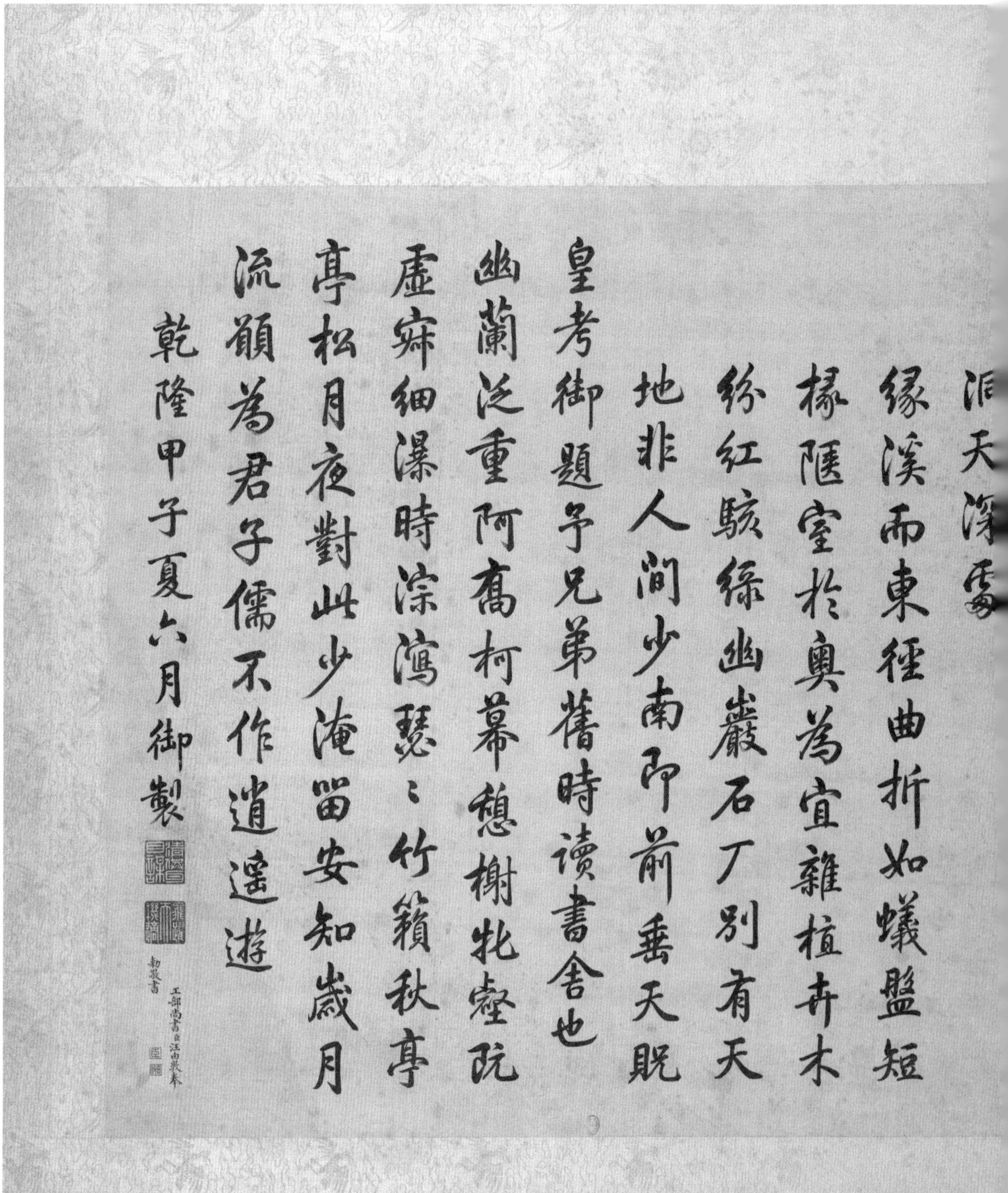

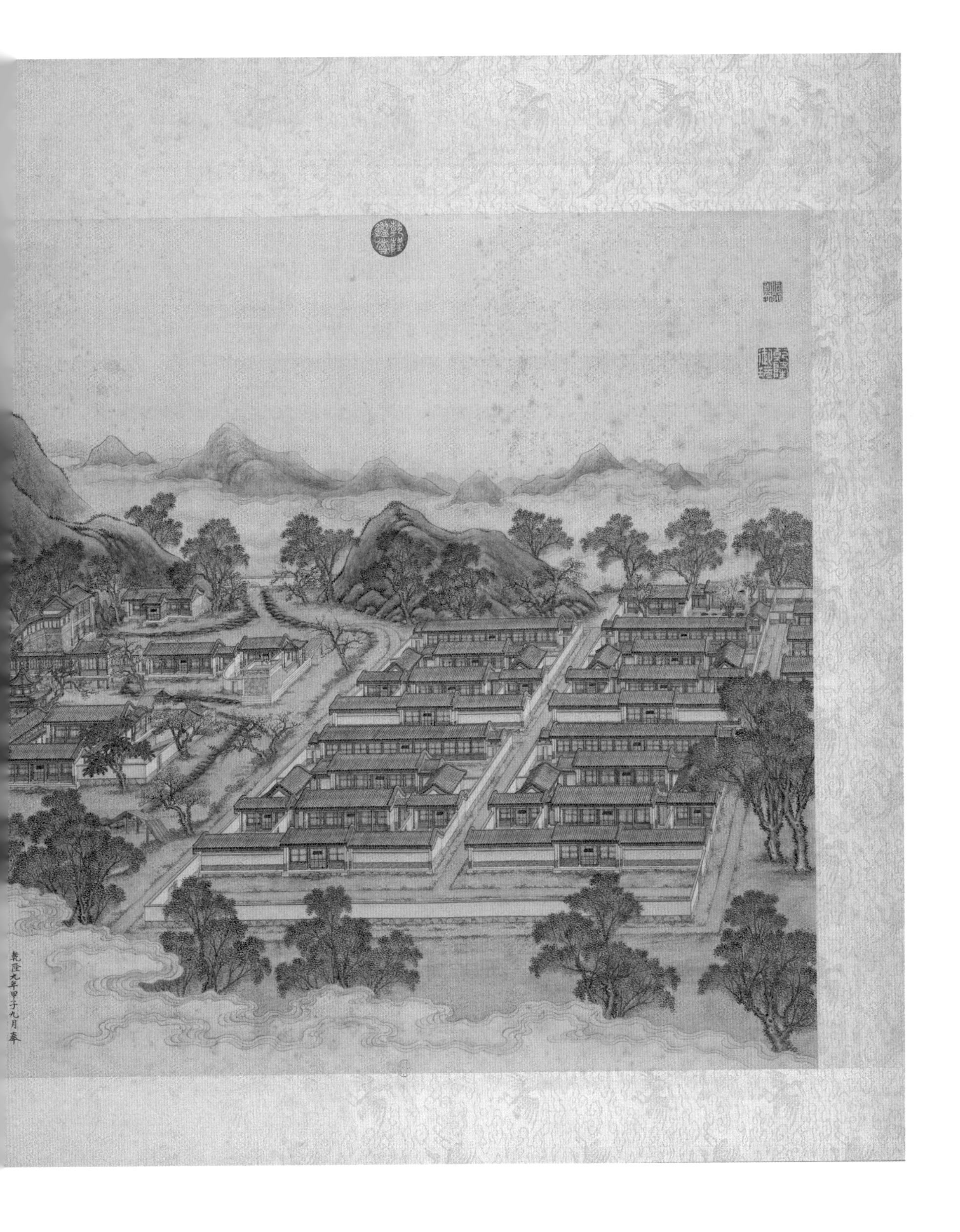
乾隆九年甲子九月奉

乾隆十年（1745），武英殿刊刻了木刻版画《御制圆明园四十景诗图》。该图册分上下两册，收录乾隆所作的诗文，鄂尔泰、张廷玉等注，并由沈源、孙祜 绘制底稿，共计四十图。①刻图的构图、视点与《圆明园四十景图咏》相同，建筑物也基本类似，唯有背景山脉有所不同（图4-3-2-1~图4-3-2-40）。

长春园位于圆明园东侧，面积约70公顷，始建于乾隆十年（1745），是“圆明三园”之一。该园宫廷区建筑较少，大多是寝宫和游憩观赏型的建构物。长春园没有圆明园那样曲折萦绕的山冈和河渠，而是纯粹的水景园，其水面占全园比例约为三分之二，通过堤、洲、岛将水系分隔成为大小不同的水面，水系形态雍容大度，主要建筑群坐落在岸边与大型洲岛上。

长春园北边界有一处欧式园林，称为西洋楼景区，包括谐奇趣、黄花阵、养雀笼、方外观、海晏堂、远瀛观、大水法、观水法、线法山、线法画等十余座欧式建筑和园林。景区形状呈横“丁”字形，东西长，南北短，面积7公顷左右。建筑式样主要属于巴洛克建筑风格，园林则是勒诺特尔式园林。最西侧为谐奇趣，楼高三层，一、二层为七间，顶层为三间，两侧伸出游廊各九间，楼南北两侧均有喷泉水景。谐奇趣以北为黄花阵，是欧洲迷宫式园林，主体为迷宫矮阵墙，中央为巴方欧式亭。谐奇趣东侧有一座西洋门殿，称为养雀笼，内部侧室曾圈养孔雀等禽鸟。养雀笼以东为方外观，是两层三开间巴洛克式楼房，屋顶为重檐庑殿式，曾被用于乾隆的后妃香妃做礼拜的场所。方外观以东为海晏堂，两层十一开间西向“工”字形建筑，正门前有喷泉池，两侧为弧形石台阶。喷泉池中心为喷水塔，池边台基上为十二只人身兽头青铜像，每天按十二时辰顺序轮流喷水。海晏堂以东的远瀛观为南向高台钟楼式楼阁，重檐庑殿顶，高台前有弧形台阶伸出，南侧为大水法喷泉。大水法中间为巨大的石龛，龛壁上为狮头瀑布，前有“猎狗逐鹿”喷泉，左右各有一座喷水塔，塔周围铜管也为出水口。大水法南侧为观水法，造型为五间石壁龛，北有石台宝座，是皇帝观赏大水法喷泉的场所。远瀛观、大水法、观水法自北向南一线排列，位于长春园中轴线的北端。大水法以东为线法山和线法画。线法山为圆形土丘，因皇帝在此环山跑马，又称转马台，东西两侧皆有山门。东侧过矩形湖面即为线法画，为十二面平行的矮墙，墙上悬挂西洋风景画。②

① 孟白等主编：《中国古典风景图汇》（第一册），北京：学苑出版社，2000年，第4页。
② 圆明园管理处编：《圆明园百景图志》，北京：中国大百科全书出版社，2010年，第295—419页。

图 4-3-2-1
[清]沈源、孙祜 绘《御制圆明园四十景诗图》——《正大光明》

图 4-3-2-2
[清]沈源、孙祜 绘《御制圆明园四十景诗图》——《勤政亲贤》

图 4-3-2-3
[清] 沈源、孙祜 绘《御制圆明园四十景诗图》——《九州清晏》

图 4-3-2-4
[清] 沈源、孙祜 绘《御制圆明园四十景诗图》——《镂月开云》

图 4-3-2-5
[清]沈源、孙祜 绘《御制圆明园四十景诗图》——《天然图画》

图 4-3-2-6
[清]沈源、孙祜 绘《御制圆明园四十景诗图》——《碧桐书院》

图 4-3-2-7
[清]沈源、孙祜 绘《御制圆明园四十景诗图》——《慈云普护》

图 4-3-2-8
[清]沈源、孙祜 绘《御制圆明园四十景诗图》——《上下天光》

图 4-3-2-9
[清]沈源、孙祜 绘《御制圆明园四十景诗图》——《杏花春馆》

图 4-3-2-10
[清]沈源、孙祜 绘《御制圆明园四十景诗图》——《坦坦荡荡》

图 4-3-2-11
［清］沈源、孙祜 绘《御制圆明园四十景诗图》——《茹古涵今》

图 4-3-2-12
［清］沈源、孙祜 绘《御制圆明园四十景诗图》——《长春仙馆》

图 4-3-2-13
[清] 沈源、孙祜 绘《御制圆明园四十景诗图》——《万方安和》

图 4-3-2-14
[清] 沈源、孙祜 绘《御制圆明园四十景诗图》——《武陵春色》

图 4-3-2-15
[清]沈源、孙祜 绘《御制圆明园四十景诗图》——《山高水长》

图 4-3-2-16
[清]沈源、孙祜 绘《御制圆明园四十景诗图》——《月地云居》

图 4-3-2-17
[清]沈源、孙祜 绘《御制圆明园四十景诗图》——《鸿慈永祜》

图 4-3-2-18
[清]沈源、孙祜 绘《御制圆明园四十景诗图》——《汇芳书院》

图 4-3-2-19
[清]沈源、孙祜 绘《御制圆明园四十景诗图》——《日天琳宇》

图 4-3-2-20
[清]沈源、孙祜 绘《御制圆明园四十景诗图》——《澹泊宁静》

图 4-3-2-21
[清]沈源、孙祜 绘《御制圆明园四十景诗图》——《映水兰香》

图 4-3-2-22
[清]沈源、孙祜 绘《御制圆明园四十景诗图》——《水木明瑟》

图 4-3-2-23
[清] 沈源、孙祜 绘《御制圆明园四十景诗图》——《濂溪乐处》

图 4-3-2-24
[清] 沈源、孙祜 绘《御制圆明园四十景诗图》——《多稼如云》

图 4-3-2-25
[清]沈源、孙祜 绘《御制圆明园四十景诗图》——《鱼跃鸢飞》

图 4-3-2-26
[清]沈源、孙祜 绘《御制圆明园四十景诗图》——《北远山村》

图 4-3-2-27
[清]沈源、孙祜 绘《御制圆明园四十景诗图》——《西峰秀色》

图 4-3-2-28
[清]沈源、孙祜 绘《御制圆明园四十景诗图》——《四宜书屋》

图 4-3-2-29
[清]沈源、孙祜 绘《御制圆明园四十景诗图》——《方壶胜境》

图 4-3-2-30
[清]沈源、孙祜 绘《御制圆明园四十景诗图》——《澡身浴德》

图 4-3-2-31
[清]沈源、孙祜 绘《御制圆明园四十景诗图》——《平湖秋月》

图 4-3-2-32
[清]沈源、孙祜 绘《御制圆明园四十景诗图》——《蓬岛瑶台》

图 4-3-2-33
[清]沈源、孙祜 绘《御制圆明园四十景诗图》——《接秀山房》

图 4-3-2-34
[清]沈源、孙祜 绘《御制圆明园四十景诗图》——《别有洞天》

图 4-3-2-35
[清]沈源、孙祜 绘《御制圆明园四十景诗图》——《夹镜鸣琴》

图 4-3-2-36
[清]沈源、孙祜 绘《御制圆明园四十景诗图》——《涵虚朗鉴》

图 4-3-2-37
[清]沈源、孙祜 绘《御制圆明园四十景诗图》——《廓然大公》

图 4-3-2-38
[清]沈源、孙祜 绘《御制圆明园四十景诗图》——《坐石临流》

图 4-3-2-39
[清]沈源、孙祜 绘《御制圆明园四十景诗图》——《曲院风荷》

图 4-3-2-40
[清]沈源、孙祜 绘《御制圆明园四十景诗图》——《洞天深处》

《西洋楼铜版画》刊刻于乾隆五十一年，是以长春园西洋楼景区为主题的铜版画，底稿为如意馆画师伊兰泰等人所绘，由内务府造匠处将其镌刻刊印。全图册包括共有二十幅铜版画图像，分别为《谐奇趣南面》《谐奇趣北面》《蓄水楼东面》《花园门北面》《花园正面》《养雀笼西面》《养雀笼东面》《方外观正面》《竹亭北面》《海晏堂西面》《海晏堂北面》《海晏堂东面》《海晏堂南面》《远瀛观正面》《大水法正面》《观水法正面》《线法山门正面》《线法山正面》《线法山东门》《湖东线法画》。全图采用西洋透视法，线条细腻，雕刻精微，对建筑造型、装饰刻绘得尤为细致（图4-3-3-1~图4-3-3-20）。

《唐土名胜图会》中亦有《圆明园》与《长春园》两图。《圆明园》图中，一条御道自左下角向右上方延伸，御道两侧为前湖湖面。画面中部为宫廷区，殿宇沿着轴线排列，其中主殿为正大光明殿。《长春园》一图中，前景为水面，背景为山体，山中台地上有一处建筑群，宫墙沿着高低起伏的山地逶迤而行（图4-3-4-1、图4-3-4-2）。

图 4-3-3-1
[清]《西洋楼铜版画》——
《谐奇趣南面》

諧奇趣南面一

图 4-3-3-2
[清]《西洋楼铜版画》——
《谐奇趣北面》

諧奇趣北面 二

图 4-3-3-3
[清]《西洋楼铜版画》——
《蓄水楼东面》

蓄水樓東面 三

图 4-3-3-4
[清]《西洋楼铜版画》——
《花园门北面》

花園門北面
四

图 4-3-3-5
[清]《西洋楼铜版画》——
《花园正面》

图 4-3-3-6
[清]《西洋楼铜版画》——
《养雀笼西面》

图 4-3-3-7
[清]《西洋楼铜版画》——
《养雀笼东面》

養雀籠東面七

图 4-3-3-8
[清]《西洋楼铜版画》——
《方外观正面》

图 4-3-3-9
[清]《西洋楼铜版画》——
《竹亭北面》

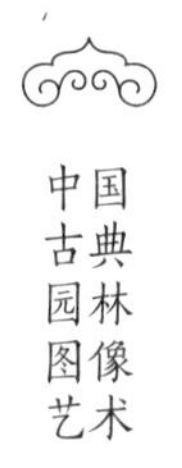

竹亭北面九

图 4-3-3-10
[清]《 西洋楼铜版画 》——
《 海晏堂西面 》

海晏堂西面十

图 4-3-3-11
[清]《西洋楼铜版画》——
《海晏堂北面》

海晏堂北面十一

图 4-3-3-12
[清]《西洋楼铜版画》——
《海晏堂东面》

图 4-3-3-13
[清]《西洋楼铜版画》——
《海晏堂南面》

海晏堂南面十三

图 4-3-3-14
[清]《西洋楼铜版画》——
《远瀛观正面》

远瀛观正面十四

图 4-3-3-15
[清]《西洋楼铜版画》——
《大水法正面》

图 4-3-3-16
[清]《西洋楼铜版画》——
《观水法正面》

图 4-3-3-17
[清]《西洋楼铜版画》——
《线法山门正面》

图 4-3-3-18
[清]《西洋楼铜版画》——
《线法山正面》

線法山正面 十八

图 4-3-3-19
[清]《西洋楼铜版画》——
《线法山东门》

線法山東門十九

图 4-3-3-20
[清]《西洋楼铜版画》——
《湖东线法画》

图 4-3-4-1
[日] 冈田玉山 等《唐土名胜图会》——《圆明园》

图 4-3-4-2
[日]冈田玉山 等《唐土名胜图会》——《长春园》

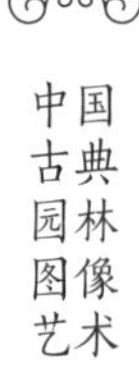

图 4-4-1
[日]冈田玉山 等《唐土名胜图会》
——《清漪园》

第四节　清漪园图像

清漪园位于北京西北郊，始建于清乾隆十五年（1750），完工于乾隆二十九年（1764），是清代北京“三山五园”之一。清漪园主要由万寿山和昆明湖两部分构成。万寿山东西长约1000米，高度在60米左右，昆明湖位于万寿山南，水面面积约占全园的75%。从清漪园北边界文昌阁城关到贝阙城关一线设置了宫墙，东、南、西三面不设宫墙。一条西北—东南走向的长堤—西堤及其支堤将昆明湖湖面分为三个部分，湖中分布着三大三小六个岛屿，三个大岛为南湖岛、藻鉴堂与治镜阁，三个小岛为小西泠、知春亭和凤凰墩。

《唐土名胜图会》中有《清漪园》《昆明湖》两图。《清漪园》一图所描绘的为万寿山后山一带景观。万寿山分为前山、后山两大区块。前山主体建筑为大报恩延寿寺，后改为排云殿。后山主要建筑有须弥灵境、莲座盘云、惠山园和霁清轩。《清漪园》图中，画面中心院墙环绕的建筑群为惠山园。惠山园为仿照无锡名园寄畅园所建。无锡寄畅园原名秦园，坐落在惠山脚下，康熙皇帝赐名为寄畅园。乾隆南巡时，对寄畅园的景致非常欣赏，命画师画成图，在万寿山东麓以其为蓝本修建了惠山园。[①]图中园内主体为池沼，堂、榭、桥、廊、亭环绕在池塘周围。院墙外环绕着后溪河，河上架设有单孔石拱桥（图4-4-1）。

昆明湖原名翁山泊、金海和西湖，是清漪园的主体，与万寿山构成北山南水的空间格局。早在金国时期，北京西北郊西湖一带已经得到开发，金国皇帝完颜亮曾在此设置行宫御苑。元朝郭守敬疏通大都到通州的运河水系，保证了北京的水系漕运畅通，西湖水位稳定，其周边一带发展成为风景游览之地。乾隆时期，为增加水源、疏通水系，通过石槽引导香山、西山和寿安山一带的山涧和泉水，将其引入玉河，通过玉河汇入昆明湖，昆明湖进一步拓展、挖深，以容纳更多的水量，从而保证北京的生活与农业用水。《昆明湖》一图中，前景为碧波粼粼的湖面，西堤位于画面左下角，通向昆明湖西岸，湖景与园西侧乡野风景浑然一体。堤、岸接合处建有一处建筑群，呈规整布局。其后侧的山凹之间另有一处较为规整的建筑群。建筑周围松树较多，远处玉泉山山顶上耸立着玉峰塔（图4-4-2）。

---

① 惠山园于嘉庆十六年（1811）改名为谐趣园，1860年毁于英法联军，光绪十八年（1892）重建，重建后建筑比重增加。

《鸿雪因缘图记》中有《昆明望春》一图，描绘了清漪园、昆明湖、西堤一带的风景。图中，昆明湖湖面占据了大部分画面。西堤自右下角向左上方延伸。堤上有石拱桥、牌坊，沿堤种植有柳树。西堤为昆明湖中最长的堤坝，西北、东南走向，堤上建有六座桥，图中桥名为“绣漪桥”，为单孔拱桥式样。近景为昆明湖东岸，自右向左依次为柳树、牌坊、柳树、廓如亭、铜牛。廓如亭为园内体量最大的亭子，重檐亭顶由四十根柱子支撑。铜牛因镇压水患而铸，背部刻有《金牛铭》。湖对岸为临水方形台基，台上石栏杆围合，中间有台阶深入湖中。台中央建有两层高的重檐歇山顶楼阁，四周植被掩映之间露出数栋殿阁屋顶。远处亦可望见玉泉山玉峰塔（图4-4-3）。

图 4-4-2
［日］冈田玉山 等《唐土名胜图会》——《昆明湖》

图 4-4-3
[清]《鸿雪因缘图记》——《昆明望春》

第五章

宫苑像 行御图

图 5-1-1
[北宋]张择端《金明池夺标图》

第一节　金明池图像

金明池为北宋时期营造的行宫御苑，位于汴京（今开封）城西顺天门外街北，与琼林苑相对。北宋时期，张择端绘有《金明池夺标图》，展现了金明池的景观风貌与人物活动。该图为绢本设色，纵28.5厘米，横28.6厘米。

图中，园门位于池南，入内沿池南岸向西有临水殿和宝津楼，临水殿殿基与平台突出水面。宝津楼南有宴殿，殿西有射殿，坐南朝北，是宋帝宴乐、观看龙舟竞标的场所。再往西为仙桥，跨水而建，桥面装配有朱红色桥栏杆，桥柱呈雁状，中间高，两边低，桥身隆起。桥南有棂星门，门内立彩楼，桥北与池中心的水心殿相连。水心殿由五座殿宇组成，中央一殿，四殿环绕，五殿由廊庑相连，成为一个整体。水池方形，环池栽柳，池北有奥屋，为停泊船舶之处（图5-1-1）。[①②]

①［宋］孟元老：《三月一日开金明池琼林苑》，赵雪倩编著：《中国历代园林图文精选》（第二辑），上海：同济大学出版社，2005年，第90页。

②［宋］孟元老：《驾幸琼林苑》，赵雪倩编著：《中国历代园林图文精选》（第二辑），上海：同济大学出版社，2005年，第93页。

第二节　静宜园图像

静宜园是清代皇家园林“三山五园”之一，位于北京西北郊西山山脉东部的香山。香山主峰为鬼见愁，海拔570米左右，四周山峦如众星捧月般地环绕主峰。此处地下水非常丰富，泉眼多达50余处，且土壤肥沃，植被茂密，香山红叶誉满天下，可谓山清水秀、人杰地灵之处。早在辽金元时期，香山已经有行宫御苑的建置，金世宗时期在香山营建大永安寺，金章宗时期有祭星台、护驾松和梦感泉。明朝时香山成为京城人的游览胜地，并建有香山寺、洪光寺、卧佛寺、碧云寺等。[①]康熙数次到香山游兴，在香山寺旁建香山行宫。乾隆时期大肆扩建香山行宫，改名为静宜园，成为京城西北郊重要的行宫御苑。

《静宜园二十八景图》是由乾隆年间宫廷画家张若澄绘制，全图卷长427厘米，高28.7厘米，纸本设色，是宫廷画中描绘皇家园林的代表性图像作品（图5-2-1）。

图中显示，勤政殿为静宜园内廷正殿，建于高台基上，面阔五楹，卷棚歇山灰瓦顶，前有出廊和月台，右左配殿各五楹。勤政殿前面为东宫门，面阔五间，卷棚歇山顶，前面出廊。东宫门两侧各有一处边门，前后有四间两对朝房，相对而建，均为面阔五间、悬山卷棚灰瓦顶建筑。

勤政殿后面为内廷区，主体建筑为丽瞩楼。丽瞩楼建于高台上，楼高两层，面阔五楹，前面出廊，卷棚灰瓦顶，前面入口处有面阔三间的牌坊，左右各有一座相向而建的厢房。丽瞩楼后面有隆起的山冈，一条山路通向坡顶。坡上建有一座多云亭。多云亭高两层，呈八边重檐攒尖顶造型，二层伸出平坐栏杆。

丽瞩楼入口下层平台上有一组建筑群——横云馆。横云馆为内外两套合院布局，入口为面阔三间的门殿，主殿亦为三开间、前出廊的卷棚灰瓦悬山顶建筑，内院一侧为面阔五间的厢房，前面出抱厦三间。外院前方有一四方攒尖顶座亭，两边各有一间配殿。

最靠近勤政殿的为致远斋，呈多进院落格局，主建筑致远斋面阔五楹，前出抱厦三间，卷棚灰瓦勾连搭屋顶，此处为乾隆临时的听政与批阅奏章之处。图上显示，致远斋有L形跨院，跨院较为空旷，种植数株树木。致远斋前方有小型建筑组群，多幢建筑相互围合，并通过院墙分割成六处小合院，建筑基本是卷棚顶三开间，前方有一处望楼建于高台基上，屋顶为十字脊顶。

绿云舫为画舫式建筑，楼高两层，面阔三间，卷棚歇山顶，前面出廊，两侧分别向前伸出东西厢房。厢房均为面阔三间，卷棚歇山顶，三面回廊。三座建筑连成一体，中间围合成小院。绿云舫左上方的山坡上建有一座三层高的塔。该塔为六边形，三层重檐攒尖顶。二层和三层伸出平坐栏杆（图5-2-1a）。

中宫为一块完整的宫区，宫墙环绕，有独立的出入口，是皇帝短期驻跸时居住的场所。此处建筑群采用皇家宫苑惯用的规整多院落格局。前方为入口门房，面阔三间，两边各有一座三开间值房。从门房向两边延伸出宫墙，并开有两处

---

① 刘侗，于奕正：《帝京景物略》，上海：上海古籍出版社，2001 年，第 333 页。

來青軒

图 5-2-1d

[清] 张若澄《静宜园二十八景图》局部四

图 5-2-1c
[清]张若澄《静宜园二十八景图》局部三

图 5-2-1b

[清]张若澄《静宜园二十八景图》局部二

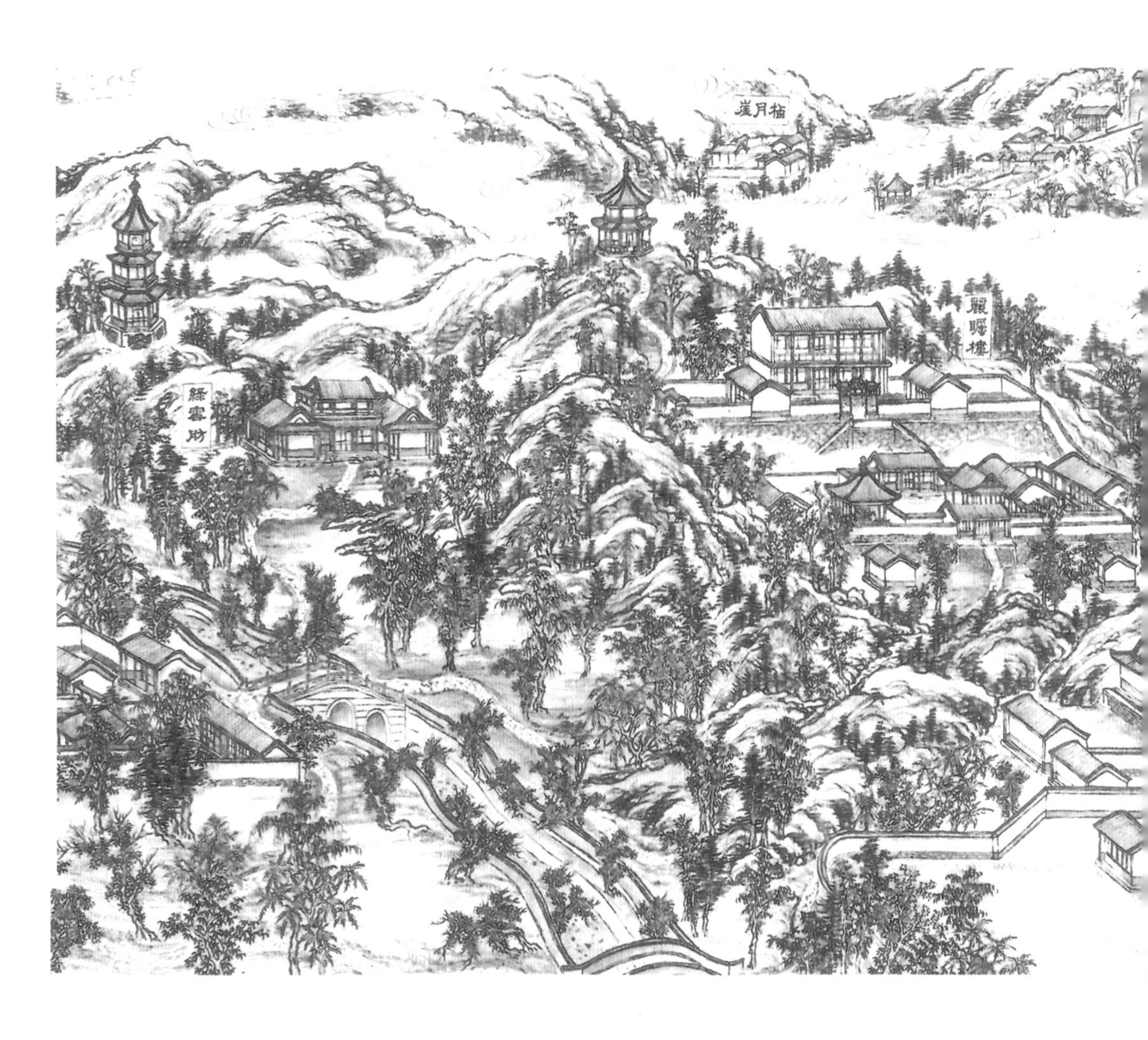

图 5-2-1a
[清] 张若澄《静宜园二十八景图》局部一

香霧窟
玉華岫
重翠崦
芙蓉坪
勤政殿

便门。门房后为第一进合院，呈长条形，中轴线自左向右延伸，入口位于宫区的左前方。第一进合院中轴线上自左向右建有四座屋宇。第一座为前出抱厦三间、勾连搭屋顶的虚朗斋，斋前有曲水流觞和流水亭。第二座为学古堂，前后均出抱厦三间、勾连搭屋顶。第三座面阔五间。第四座为面阔九间的后罩房。最左端为面阔三间的门房，出门房即为跨山涧的三孔石拱桥，通向勤政殿宫区。第一进院落通过抄手廊和厢房围合中心院落，其中正厅的院落最大，两侧厢房均为五开间。

第一进院落后面，因地形高差不同，又分为三个独立的建筑群。中央为一座恢宏的楼阁建筑，基座最高，楼高两层，重檐歇山顶造型，前后出廊，楼前有“八”字形磴道通向下层平院，两侧伸展出爬山廊，与两边的建筑群相连。左侧建筑群为合院布局，左边为院墙，另三边各有一座建筑，其中右端和前面两座建筑都为五开间，前出抱厦三间，卷棚勾连搭顶。右侧院墙外有一座四边攒尖亭。左侧建筑群也为合院布局，中心建筑为两层高的重檐戏楼，面宽、进深均为三开间，底层通透，歇山屋顶，后面连有扮戏房。楼两侧各有一座三开间厢房，楼前正对着看戏楼。看戏楼后有爬山廊与中央楼阁相通（图5-2-1b）。

中宫宫墙外为沟壑和山涧，山涧对岸有玉乳泉，泉水清冽，终年不干涸。玉乳泉泉眼上盖有泉亭，不远处有一座三开间水阁。沿山涧向左上方溯流而上，可见雨香馆。

璎珞岩在图中中宫右侧，叠石成瀑、水声清冽，瀑布前方有清音亭，四柱歇山卷棚顶造型，亭中是欣赏璎珞岩瀑布水景的最佳场所。翠微亭与青未了靠近宫墙，青未了位于宫墙后的坡上，是一座面阔五间的轩，歇山卷棚顶，四周有回廊。翠微亭为八边攒尖顶亭，柱间环绕栏杆（图5-2-1c）。

霞标磴为三楹敞榭，坐落在陡峭的山峰上，山道以山石垒砌而成，因过于险峻，有九曲十八盘之称。香岩室位于霞标磴上方，是一组寺庙建筑群。前有山门与入口牌坊，两侧有钟楼鼓楼，内部以回廊和殿宇围合成合院布局。从其右侧可看到绚秋林，是香山红叶最绚烂之处。

来青轩位于香山寺右侧。主入口面向香山寺，正殿位于较高的基座上，面阔五间，高两层，造型为庑殿顶重檐楼阁，四面出廊。正殿前有月台伸出，通过磴道与下层院落相连。院中种植有巨松，前有庑殿顶入口小门殿，两侧有厢房。来青轩后面另有一座高台，台上有红墙围合的建筑群，应是玉华寺所在。①②

栖云楼位于香山寺右侧山坡的高台上。入口门厅为三开间卷棚顶建筑，位于右侧。入内后有一小合院。合院有四座建筑，通过回廊连接并围合成中心院落。过合院后有一两层高的楼阁，面向香山寺方向。合院左上角另有一处高台，台上建有一座三开间建筑。

香山寺的建筑位于山坡上开辟的水平台层上。主入口在画面下方，山门被云雾

---

① 殷亮，王其亨：《御园自是湖光好，山色还须让静宜——浅析香山静宜园28景经营意向》，天津大学学报（社会科学版）：2007年第6期，第556—559页。
② 周维权：《中国古典园林史》，北京：清华大学出版社，1999年第2版，第366—368页。

图 5-2-2
[清]董邦达《静宜园二十八景图》

所遮挡，仅露出屋顶和两侧的桅杆。入口前有知乐濠，池上架单孔石拱桥。第一进台层甬道两侧有钟楼、鼓楼、戒坛、配殿。第二进台层有正殿，面阔七间，两侧建有配殿，殿前有两株巨松，名为听法松，入口有三开间牌坊。第三进由回廊围合成一个大院落，院中是一座三层重檐六边攒尖塔，各层伸出平坐栏杆，正面各层均开出一个拱洞。塔后有一座两层楼阁，重檐歇山顶，前面出廊（图5-2-1d）。

另一位清代宫廷翰林画家董邦达亦绘有《静宜园二十八景图》（图5-2-2）。

《唐土名胜图会》中亦有《静宜园》一图（图5-2-3）。

图 5-2-3
［日］冈田玉山 等《唐土名胜图会》——《静宜园》

第三节 盘山行宫图像

盘山行宫位于蓟县西北盘山南麓。盘山，被誉为“京东第一山”，山势雄伟苍劲，植被茂盛，景色四季各异，是历代帝王与文人墨客的游兴之地，曾建有寺庙七十二所。由于地处京城与清东陵的交通要道上，清帝前往东陵祭祖，必经过盘山。乾隆九年（1744）清廷开始在盘山营造盘山行宫，作为乾隆驻跸和游览之所，经过近十年的建设，形成规模宏大的行宫御苑。

乾隆年间蒋溥等编纂的《钦定盘山志》中有关于盘山行宫的木刻版画十五幅，分别为《行宫全图》《静寄山庄》《太古云岚》《层岩飞翠》《清虚玉宇》《镜圆常照》《众音松吹》《四面芙蓉》《贞观遗踪》《半天楼》《池上居》《农乐轩》《雨花室》《泠然阁》《小普陀》。

《行宫全图》描绘了盘山行宫的总体布局与地理地势。盘山行宫位于盘山南麓，坐北朝南，众峰环抱，东西两条山涧流过。山庄分为宫廷区与苑林区两大部分，宫廷区又分为前宫、中宫和后宫三部分，前宫为静寄山庄，中宫为太古云岚，后宫为层岩飞翠，分别位于自下而上的三层台地上（图5-3-1）。

静寄山庄为行宫中的行政区域，坐落于山前，坐北朝南。《静寄山庄》图中，建筑群布局呈方形。大宫门位于南部，面阔五楹。大宫门以北为二宫门。二宫门以北为正殿，名为智仁乐处殿，面阔七间，前后出廊，两侧延伸出抄手游廊形成合院。智仁乐处殿以东有一跨院，其中建有延赏斋，东侧有配殿，通过回廊连接。跨院东北角有游廊向北延伸至镜澜亭。[①]镜澜亭东侧为沟壑山涧，涧水自山中流出（图5-3-2）。

太古云岚是寝宫区，是帝后就寝、起居和读书的场所，《太古云岚》图中，该区坐落于山中台地上，东侧临崖，前绕溪涧，四周有宫墙围护，坐北朝南，前后有御道、角门通向其他区域。主殿太古云岚殿坐落于高台基上，两侧伸出廊庑，围合成前后两重回院。殿北为延春堂，东有含远楼和寿萱堂建筑群，西有韵松轩。西侧另有一座跨院，主殿为畅远斋，斋北为接要楼，斋南为四方亭，斋东为三卷引胜轩，建筑之间以游廊相连接（图5-3-3）。[②]

《层岩飞翠》图中主要为游赏性建筑。建筑群中间为澹怀堂，西有撷翠楼、云起阁，后有石径通向绿猗亭和石林精舍。其间以廊庑围合，形成合院（图5-3-4）。

除了静寄山庄、太古云岚、层岩飞翠三个宫区以外，山庄内还有清虚玉宇、镜圆常照、众音松吹、四面芙蓉、贞观遗踪五个景点，共同形成“内八景”。[③]

---

① 陈书砚，朱蕾，王其亨：《基于样式雷图档的静寄山庄前宫复原研究》，中国园林：2012 年第 9 期，第 97—101 页。

② 朱蕾：《帝王的山居——静寄山庄中宫太古云岚初探》，建筑学报：2011 年 S2 期，第 156—158 页。

③ 朱蕾，王其亨：《避暑山庄姊妹篇——天津蓟县盘山行宫静寄山庄考》，山东建筑工程学院学报：2005 年第 3 期，第 27—30 页。

图 5-3-1
[清]《钦定盘山志》——《行宫全图》

图 5-3-2
[清]《钦定盘山志》——《静寄山庄》

图 5-3-3
[清]《钦定盘山志》——《太古云岚》

图 5-3-4
[清]《钦定盘山志》——《层岩飞翠》

清虚玉宇为行宫中道家养生修行之处，位于山涧之间，远处山峰连绵，云雾缥缈，近处松姿挺拔。《清虚玉宇》图中，建筑群以廊庑围合，呈方形院落，其间有院墙，隔成前、后两重内院。前院主殿面阔五间，歇山顶，其西侧有一座卷棚顶配殿，后院后侧建有一座三重檐六边形楼阁。建筑群东、西两侧均有山涧流淌，西南角临水处建有一座卷棚歇山顶临水建筑（图5-3-5）。

镜圆常照为行宫内的寺院，建于山冈中的小台地上，四周林木葱郁。《镜圆常照》图中，寺院建筑群规模较小，除了山门外，中轴线上的殿宇共有四座，前低后高。殿宇两侧延伸出隔墙，形成多重院落（图5-3-6）。

众音松吹位于山陇环抱之间，其西侧有山涧在沟壑中流淌而下，涧旁乱石丛生，花木繁茂。其间的平地上，一道篱笆墙中间开有小便门，是众音松吹的入口。入内地势平坦，靠近入口处建有一座面阔三楹、卷棚歇山顶的山榭。榭后侧依山建有一处建筑群，分左右跨院、前后数进。附近有清啸亭、松湍亭，北侧山冈上松树枝下有一座四方敞亭。此处多奇石、松树，因溪涧之水激响石间，故名众音松吹（图5-3-7）。

图 5-3-5
[清]《钦定盘山志》——《清虚玉宇》

图 5-3-6
[清]《钦定盘山志》——《镜圆常照》

图 5-3-7
[清]《钦定盘山志》——《众音松吹》

四面芙蓉既是景点之名，也是亭名。《四面芙蓉》图中，四面芙蓉亭为六柱六边攒尖敞亭，立于松树之下，四周环境开敞空旷，亭侧有沟壑，沟中山涧流淌。沟对岸有数处建筑群（图5-3-8）。

贞观遗踪据传为唐太宗东征晾甲处。《贞观遗踪》图中，巨石环绕，石质润莹，石崖下平坦处建有一座八边八角攒尖亭。石崖间谷壑纵横，溪流喷涌而下，水势湍急如喷玉，泻入深潭。溪上架有拱桥，岸边砌筑有石台，台基上建有一座面阔七间、悬山顶的屋宇，临水的立面开有槛窗。水中亦有石砌台基，其上建有一座歇山顶水阁。两座建筑通过弧形与折尺状的廊庑相通（图5-3-9）。

《半天楼》一图中，半天楼位于山坡上，一层为高台，楼建于高台上，高两层，面阔五间，单檐歇山顶。楼右首有一栋四方攒尖景亭，左首有一屋宇，均立于台基之上。高台前开有门洞，可至台基内部（图5-3-10）。

池上居位于太古云岚东垣外。《池上居》图中，入口后有大池，池水清澈，以石为驳岸，池中多磐石，姿态奇特。池边建筑名为池上居，由曲尺形游廊和两栋厅堂构成。池右有涵碧亭，四方攒尖顶，四壁槛窗围合，与游廊相接。亭后溪涧喷涌而出，水声明朗，涧边有琴峡亭（图5-3-11）。

《农乐轩》所描绘的是盘山行宫的一处劝农之所。图中前为农田，田后树林下有数栋农舍，田边有亭，名为农乐轩（图5-3-12）。

图 5-3-8
[清]《钦定盘山志》——《四面芙蓉》

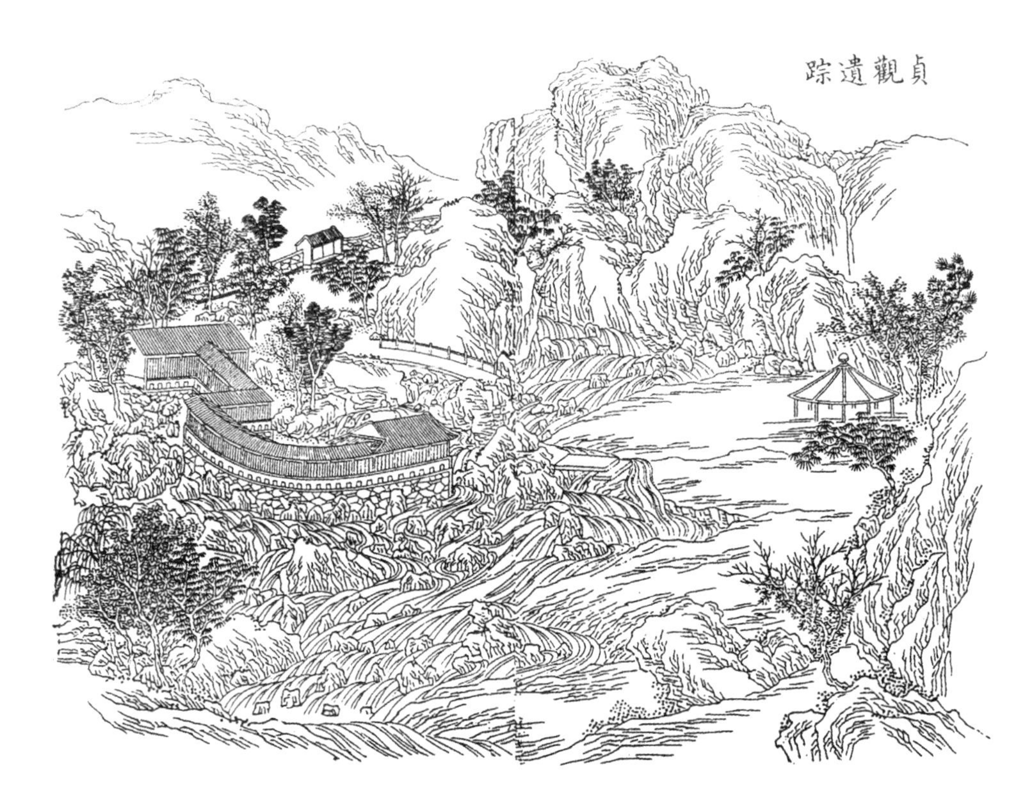

图 5-3-9
[清]《钦定盘山志》——《贞观遗踪》

图 5-3-10
[清]《钦定盘山志》——《半天楼》

图 5-3-11
[清]《钦定盘山志》——《池上居》

图 5-3-12
[清]《钦定盘山志》——《农乐轩》

《雨花室》一图中，谷深崖陡，山坡上林木葱郁，磴道穿行于林中。林下为雨花室，四周林花灿烂如雨。坡顶平坦，建筑围合成中院。院角临崖处有四柱攒尖顶的茅亭，后有对山亭，前为云林石室（图5-3-13）。

《泠然阁》一图中，建筑群处于山冈围合的台地上。前为山门，两侧伸出弧状围墙。入内为四柱三间牌坊，牌坊后为合院。院两边各有配殿，前有四柱攒尖景亭。院后为面阔三楹、两层高、卷棚歇山顶的楼阁，阁两侧各有一座三开间的小楼（图5-3-14）。

小普陀位于东涧附近的高冈上。《小普陀》图中，主建筑是一座重檐景亭，名为极望澄鲜亭。亭四周植被葱郁，亭下磴道回转往复，至崖边有溪涧汇成石潭。潭边多竹，建有供奉观世音菩萨的小屋（图5-3-15）。

图 5-3-13
[清]《钦定盘山志》——《雨花室》

图 5-3-14
[清]《钦定盘山志》——《冷然阁》

图 5-3-15
[清]《钦定盘山志》——《小普陀》

图 5-4-1
[清]《钦定热河志》
——《喀喇河屯行宫》

第四节 《钦定热河志》中所录行宫图像

乾隆年间和珅、梁国治编纂的《钦定热河志》中，有行宫图像《喀喇河屯行宫》《王家营行宫》《常山峪行宫》《巴克什营行宫》《两间房行宫》《钓鱼台行宫》《黄土坎行宫》《中关行宫》《什巴尔台行宫》《波罗河屯行宫》《张三营行宫》《济尔哈朗图行宫》《阿穆呼朗图行宫》，共计十三幅图。这些行宫均为清廷木兰秋狝和前往避暑山庄避暑而修建。

喀喇河屯行宫位于避暑山庄西南三十五里，避暑山庄建成之前的康熙十六年（1677），康熙既已驻跸于此。行宫临滦江，坐北朝南，背后青山翠嶂。图中，行宫建筑群为四路多进格局，后苑位于行宫东北区域，主要建筑为三楹或五楹。行宫内建筑主要有翠云堂、滦阳别墅、小金山亭、虬盖亭等（图5-4-1）。

王家营行宫位于常山峪东北四十里，建于康熙四十三年（1704）。《王家营行宫》图中，建筑群依山而建，分为东所、西所和中路，前后四重院落由四周宫墙围合。建筑造型均为卷棚悬山顶。入口门殿面阔三楹，前方以栅栏围合成空地（图5-4-2）。

常山峪行宫位于两间房东北三十三里，建于康熙五十九年（1720）。图中，行宫群呈多路多进格局，以廊庑分隔合院，有蔚藻堂、青云梯、虚白轩、如是室等建筑。建筑群后有山岭，岭下宫墙环绕，山中有翠风埭、绿樾径、枫香坂、陵霞亭等景致，形成常山峪行宫八景（图5-4-3）。①

---

①《钦定热河志》卷四十三、卷四十四。

图 5-4-2
[清]《钦定热河志》——《王家营行宫》

图 5-4-3
[清]《钦定热河志》——《常山峪行宫》

巴克什营行宫位于古北口外十里，建于康熙四十九年（1710）。图中，巴克什营行宫背山面水，依山而设。建筑群呈三路三进合院格局，大宫门面朝水面，二宫门后为主殿，面阔五楹（图5-4-4）。

两间房行宫位于古北口外四十里，建于康熙四十一年（1702）。图中，行宫建筑处于山岭环抱之中的谷底中，背后有山涧横流。建筑群分为左、中、右三路布局，中路前后三重院，左右分别为两重院。主殿为秀抱清芬殿，面阔五楹。北侧左跨河拱桥，桥北磴道直通山顶的澄秋轩和畅遂亭（图5-4-5）。

钓鱼台行宫位于避暑山庄东北十三里，建于乾隆七年（1742）。此地故名钓鱼台，图中，行宫位于石崖之下，宫墙与崖壁围合成方院。墙内左曲尺形廊庑，连接主殿与一座四方敞亭（图5-4-6）。

黄土坎行宫位于钓鱼台行宫东北十七里，建于康熙五十六年（1717）。图中，建筑群前后三重院，入口门殿面阔三楹，其后为垂花门，中殿面阔五楹，后殿面阔九楹，均为卷棚悬山顶（图5-4-7）。

中关行宫位于黄土坎行宫东北七十里，建于康熙五十一年（1712）。行宫背倚玲珑峰而建，建筑群分左、中、右三路。中路前后三进院落，主殿松间明月殿面阔五间，后殿为云林蔚秀殿（图5-4-8）。

图 5-4-4
［清］《钦定热河志》——《巴克什营行宫》

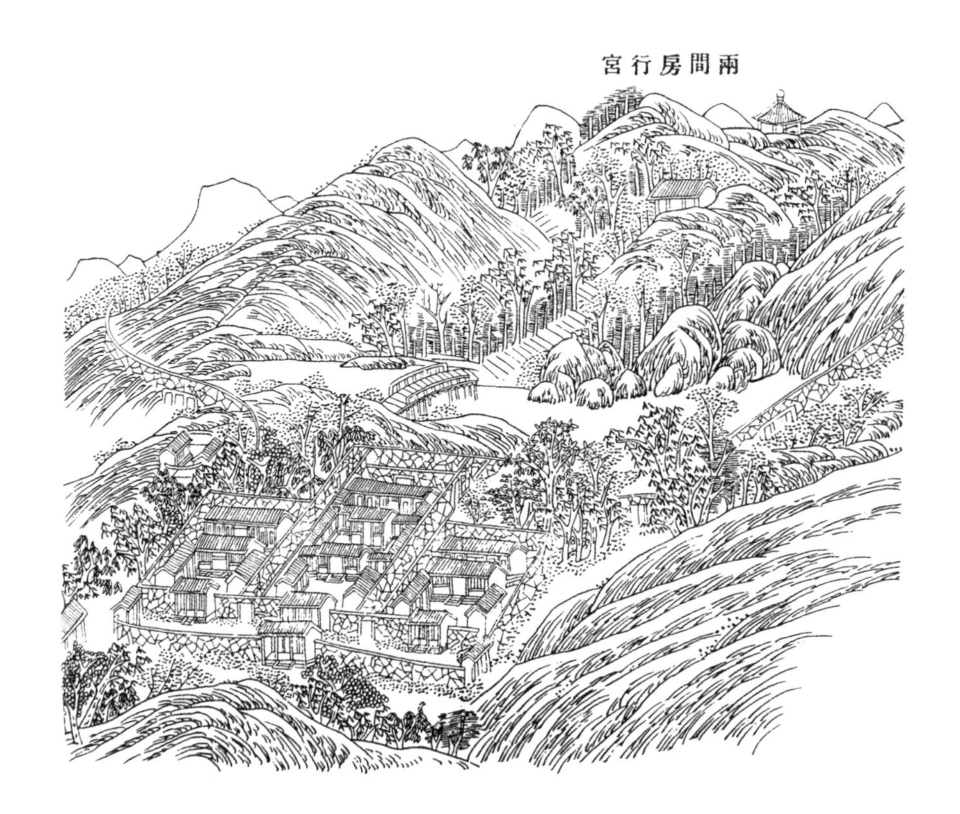

图 5-4-5
[清]《钦定热河志》——《两间房行宫》

图 5-4-6
[清]《钦定热河志》——《钓鱼台行宫》

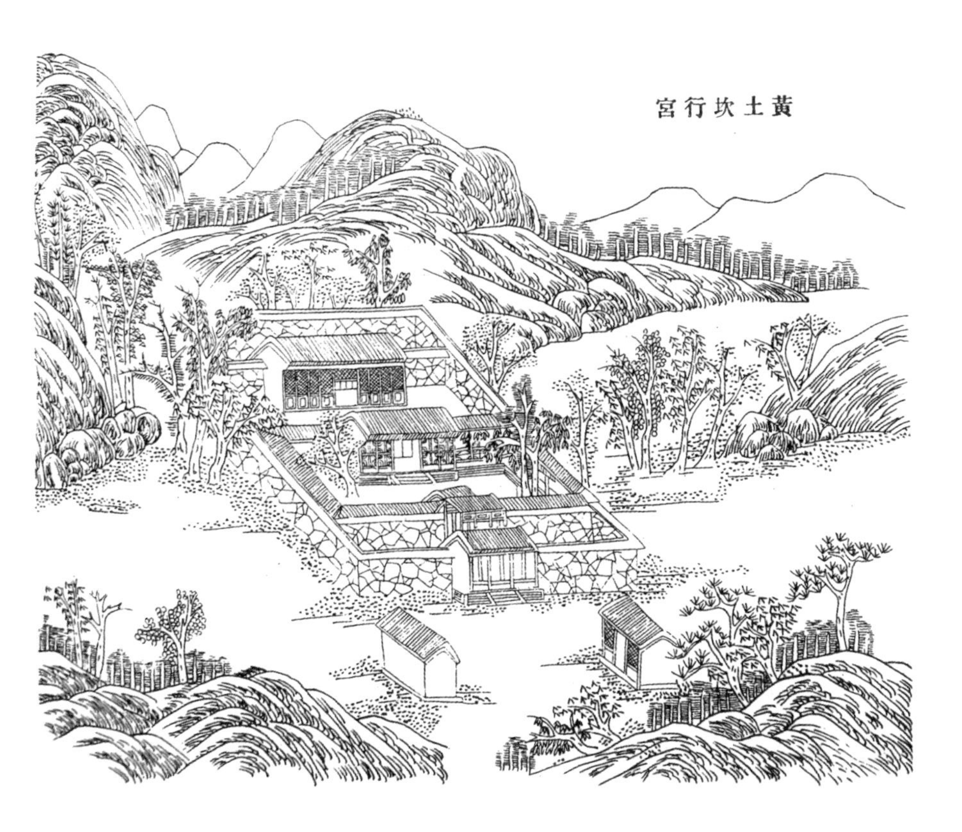

图 5-4-7
[清]《钦定热河志》——《黄土坎行宫》

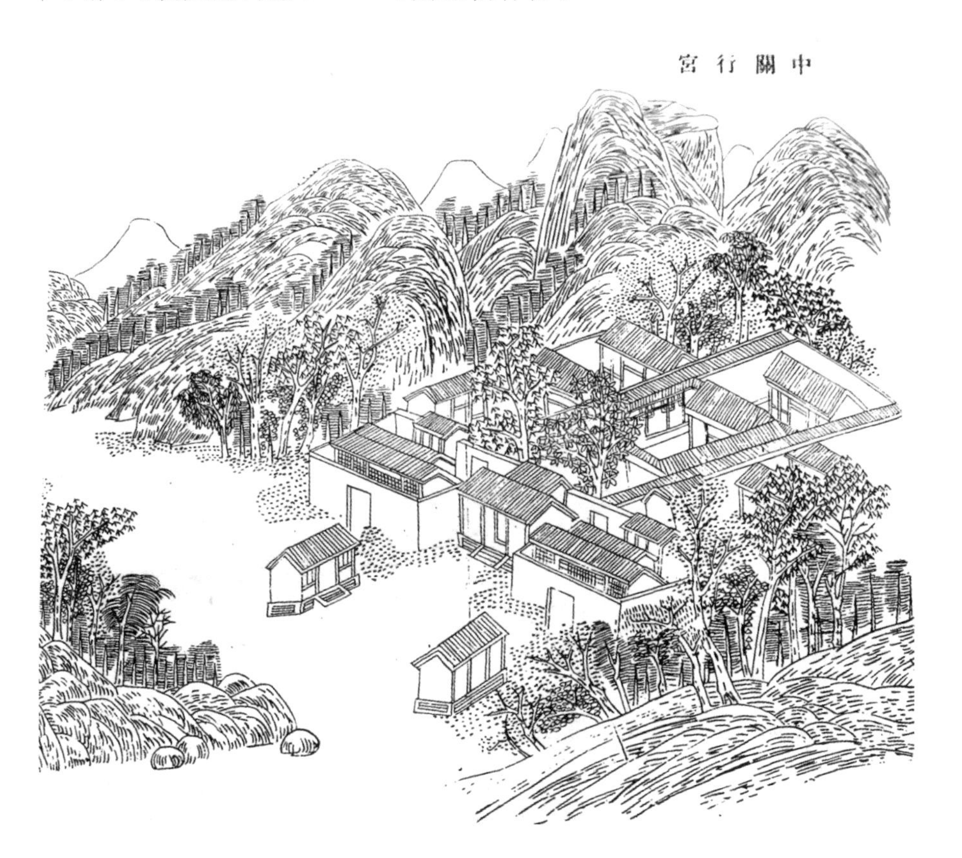

图 5-4-8
[清]《钦定热河志》——《中关行宫》

什巴尔台行宫位于中关行宫北三十七里，建于康熙五十九年（1720）。图中，行宫选址于山麓下，周围山形俊秀，林木葱郁，登山顶可俯瞰良田万顷。建筑群呈三路多进格局。中路南侧为宫门，其北为垂花门，中间为面阔五楹的南向大殿，北部为永怀堂。东路前后有三栋殿宇、两重院。西路的后部建有两层高、面阔九楹的楼阁（图5-4-9）。

波罗河屯行宫位于什巴尔台行宫北十八里，建于康熙四十二年（1703）。图中，行宫建筑位于山谷间河岸边，呈三路多进合院格局。大宫门面阔三楹，入内分为三路合院。门前开阔，四周山石土冈环绕，植被茂盛（图5-4-10）。

张三营行宫位于波罗河屯行宫北六十二里，建于康熙四十二年（1703）。其北为石片子，选址靠近崖口，四周山势峭拔，清帝木兰狩猎回程宴请从猎蒙古王公多选于此地。图中建筑群前后三重院，主殿面阔五间，两侧伸出廊庑与二门相接，围合成中院（图5-4-11）。

图 5-4-9
［清］《钦定热河志》——《什巴尔台行宫》

图 5-4-10
[清]《钦定热河志》——《波罗河屯行宫》

图 5-4-11
[清]《钦定热河志》——《张三营行宫》

济尔哈朗图行宫位于波罗河屯行宫西北二十八里，建于乾隆二十四年（1759）。图中，行宫设施较为简朴，选址于山麓，门前有成片的草地，水泉甘甜，草场丰美。行宫前后两进院落，主屋、后殿均面阔五楹（图5-4-12）。

阿穆呼朗图行宫位于济尔哈朗图行宫北四十三里，建于乾隆二十七年（1762），是最为靠近围场的行宫。图中，行宫建筑群前后三进，建于山坡下。自南向北依次为门殿、垂花门、主殿、后殿。主殿面阔五楹，两侧与廊庑相接，围合成中院。后殿面阔七楹。四周视野开阔，风景宜人（图5-4-13）。[①]

①《钦定热河志》卷四十三、卷四十四。

图 5-4-12
[清]《钦定热河志》——《济尔哈朗图行宫》

图 5-4-13
[清]《钦定热河志》——《阿穆呼朗图行宫》

第五节 南巡行宫图像

《南巡盛典》中所录行宫图像共计二十七幅，所绘行宫位于直隶的有七幅，分别为《涿州行宫》《紫泉行宫》《赵北口行宫》《思贤村行宫》《太平庄行宫》《红杏园行宫》《绛河行宫》。山东的有九幅，为《德州行宫》《晏子祠行宫》《四贤祠行宫》《古泮池行宫》《泉林行宫》《万松山行宫》《郯子花园行宫》《灵岩行宫》《岱顶行宫》。江南的有九幅，分别为《顺河集行宫》《陈家庄行宫》《天宁寺行宫》《高旻寺行宫》《钱家港行宫》《苏州府行宫》《龙潭行宫》《江宁行宫》《栖霞行宫》，另有一幅《寒山别墅》图内绘制有行宫设施。位于浙江的为《杭州府行宫》和《西湖行宫》两幅图像。本书收录其中的二十幅图像。

涿州行宫位于涿州城南，所在之地原为寺院，乾隆南巡时改为行宫供其驻跸使用。《涿州行宫》图中，整体建筑群占据了画面大部分面积，布局规整，形成左、中、右三路多进格局。中路是行宫区，前方为宫门，面阔三间，后面是一座二宫门。二宫门后为一座大殿，面阔七间，殿前方院中筑有假山，院角种有两株树木。大殿后为后院，院内有两层高、三开间的重檐楼宇，楼旁有假山，山上建有一座六边攒尖亭。右路为中路的跨院，前方无正门，以侧门与中路院落相通。右路前后有三座建筑，前面两栋均面阔三间，后面一栋面阔五间，应为左路的主殿。左路为寺院建筑，轴线上有四栋建筑。前面为山门，其后为药王殿和弥勒殿，最后为大悲阁。药王殿与弥勒殿均面阔三间，为歇山顶，正脊两端有翘起的装饰，两侧伸出的隔墙将寺院分割成前后三进院落。大悲阁位于后院的中央，高两层，面阔三间，重檐歇山顶。寺院形制规整，宝相庄严，与行宫设施所体现的休闲游乐性截然不同（图5-5-1）。

紫泉行宫位于新城县（今高碑店市）紫泉河边。《紫泉行宫》一图中，画面大部分绘制了紫泉河边的滩涂、草坡和植被，左上方岸边有一处龙潭井。行宫设施位于右侧图版下方，建筑布局与涿州行宫类似，成三路多进规整格局，以廊庑围合成院落。不同之处在于紫泉行宫没有寺院建筑，宫门两侧伸出耳房，行宫内外植被较为丰富，左路的后院种植有竹林。行宫临河而建，岸边建有一座船舫式建筑，通过折桥与对岸相通（图5-5-2）。

赵北口位于任丘县北五十里白洋淀咽喉处，以十一虹桥沟通南北交通。《赵北口行宫》一图以大面积的篇幅描绘了汹涌的水流，前方为赵北口行宫，位于十二连桥中的一座岛矶上，四面临水，建筑坐西朝东，呈合院布局。远处隐约可见郭里口行宫和端村行宫。此图视点高远，主要表现了行宫周围的水体环境，建筑表现较为模糊（图5-5-3）。

思贤村行宫位于任丘县南十里。《思贤村行宫》一图显示，行宫周围为田园地带，植被茂盛。行宫风格相对较为简朴。主体建筑群依旧为三路多进格局，建筑数量不多，由廊庑和院墙隔离形成数座方院。左路前后有两幢三开间的主屋，主屋前有门厅，前后隔成四进院落。中路前后两栋主建筑均面阔七间，前出廊。右路建筑并非坐北朝南，而是东西朝向，主宫门开在右侧，院内多植树置石。右路后侧为一间广院，应为行宫区的后苑，院内有数座假山，院中有池沼，池上架桥，池边假山上有两座景亭。植被种类丰富，有竹林、柳树、松树等（图5-5-4）。

图 5-5-1
[清]《南巡盛典》——《涿州行宫》

图 5-5-2
[清]《南巡盛典》——《紫泉行宫》

图 5-5-3
[清]《南巡盛典》——《赵北口行宫》

图 5-5-4
[清]《南巡盛典》——《思贤村行宫》

太平庄行宫位于河间县南。《太平庄行宫》图中，宫区规模较大，前为行宫区，后为苑林区。行宫区坐北朝南，呈四路多进合院格局，以廊庑、院墙分隔各院。主入口为垂花门样式，两侧伸出三开间耳房，耳房一侧延伸出八字墙。宫门前有一座六边攒尖顶御碑亭。主入口后为方院，侧边开门，可通向东二路建筑。左一路前后有两进主院，主院两侧为廊庑，中轴线上建有两栋三开间的主殿。主院前有三座小方院，各院均有建筑，应为值房一类的辅助性设施。左二路前后有两栋三开间的大殿，以廊庑围合，分隔成三进院落。右二路前有垂花门，中央为五开间的殿宇，后面为七开间殿宇，前后三进院落。右一路前后三栋建筑，前殿面阔三间，中殿与后殿均面阔五间。左二路中院有置石假山和竹林。行宫区后面为苑林区，以池沼和假山形成山水骨架，广植树木，池边建有三开间的水阁和六边形的攒尖亭（图5-5-5）。

红杏园行宫位于沧州献县，原为日华宫所在。《红杏园行宫》一图中，行宫区位于画面中央，布局上没有采用清廷行宫建筑群一贯使用的前宫后苑、多路多进合院格局，而是采取了宫苑混置的布局手法。整个区域可分为前后三区，前区与后区均为建筑区，中区为苑林区。前区有两进院落。宫门位于前面，面阔三间，门后为方院，开辟有两门，分别通往侧院和第二进院落。第二进院落北隔墙分成左右五个方院，中间两个院子和右侧院子小，应为交通衔接或者过渡空间。第二进有两栋主殿，右边的为五开间，左边的三开间。中区以池沼为主体，池边有游廊、水亭和水榭，榭亭之间建有曲桥相连。后区有一座主院、两座边院，主院前后各有一栋殿宇，均面阔七间，其中一间与水榭相接，屋顶做勾连搭式。右侧边院前后有两栋三开间建筑，左侧边院面积较小，仅沿墙建有边廊。行宫内外植被丰富，池边多柳树，墙外多红杏（图5-5-6）。

《绛河行宫》一图中，绛河行宫也采取了宫苑混置的格局，苑林区的面积比例较大，将行宫区分隔成前后两区。前区为三路多进格局，左路与中路均有三进方院，右路为两进院落。左路前后有一栋门厅，两栋主屋。中路自前往后依次为宫门、二门、三门、大殿。右路前院无建筑，后院与苑林区相连。苑林区被廊庑分成左、右两部分。右部分面积较大，引绛河水入园形成巨大的池沼，池边筑有多处假山，池中岛矶上建有两层水阁，水阁一边以折桥通向对岸，另一边伸出两层水廊。水廊一层两边砌有墙体，墙上开花窗，二层为观景平台，砌有围护栏杆。苑林区右部分挖有池沼，池边筑有湖石假山，形成山水骨架，假山下圈以篱笆墙，池上架有石板平桥。苑林区之后有另一处行宫区，布局分左右两路。入口大门开在左路，中殿为五开间，后殿为七开间；左路前殿为三开间，后殿为五开间，各殿两侧伸出隔墙，分隔成前后两进共四个小院。绛河行宫内筑有巨大的湖石假山，植被丰富，充分利用了周围的风景资源，通过引水入园实现了内外景观交融。行宫建筑并未集中在一起，而是分散成前后两区，最大限度地利用了苑林区的景观资源（图5-5-7）。

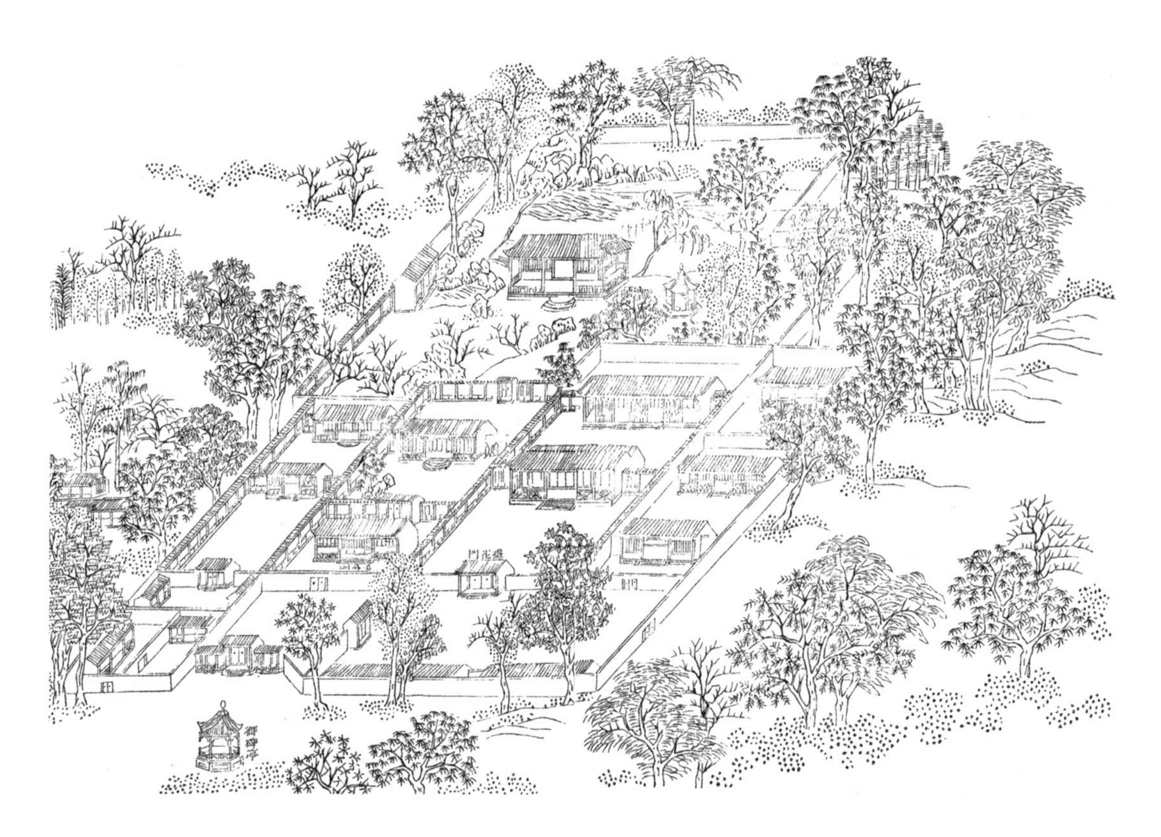

图 5-5-5
[清]《南巡盛典》——《太平庄行宫》

图 5-5-6
[清]《南巡盛典》——《红杏园行宫》

图 5-5-7
[清]《南巡盛典》——《绛河行宫》

德州行宫为乾隆南巡入山东第一站，位于德州南门外。《德州行宫》一图未采取前面的透视方法，而是以平面结合立面图的方式呈现了德州行宫的建筑布局和立面样式，这种表现手法在地理舆图中经常采用。从图中可见，德州行宫布局主要有三路。中路中轴线上依次为大宫门、二宫门、便殿、垂花门、寝殿、照房，前后五进院落。大宫门两侧伸出八字墙，前有影壁。垂花门两侧分别有东过厅和西过厅，可通向东、西两路。西路前后两进院落，前院为花园，园内挖池筑山，池边建有四明亭，后院为内值事房所在。东路三进院落，轴线上依次为垂花门、中殿、照房。东路与中路之间还有一座夹院，院内为佛堂建筑，可满足清廷皇室礼佛的需要。宫区前方还有军机房、朝房、膳房、值事房等设施。总体来看，德州行宫布局规整，建筑功能完善，是一座较为标准的行宫设施（图5-5-8）。

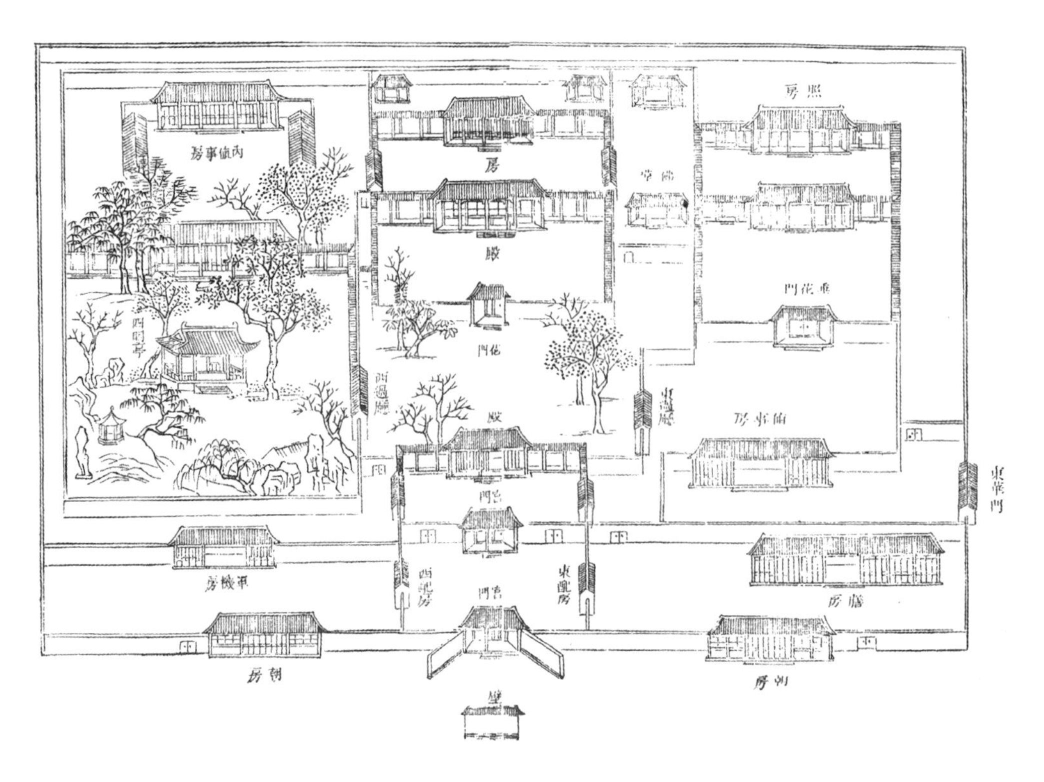

图 5-5-8
[清]《南巡盛典》——《德州行宫》

晏子祠行宫位于德州境内齐河县西北，与晏子祠①相邻而建。《晏子祠行宫》一图中，整个建筑群坐北朝南，为规整合院、四路多进格局。西一路前后五进院落，轴线上自南向北依次为西垂花门、正殿、照房、正殿、照房。西二路前后三进院落，轴线上依次为东垂花门、两卷房。东二路前后三进院落，第一进为膳房所在，二进院开有齐相门，三进院建有齐相祠，即原有的祠堂设施。东一路前后三进院落为军机处和值事房所在。大宫门开辟在东侧，二宫门位于齐相门西侧。齐相祠与两卷门之北为后花园，园内开辟有月牙池，池边有置石、假山、土坡、景亭，植被茂盛，并建有卍字游廊，与合院廊庑相通（图5-5-9）。

四贤祠行宫位于泰安县西南魏家庄，依托四贤祠②而建。《四贤祠行宫》图中，行宫格局总体呈三路布局、宫苑分置。宫区主要位于西路和中路，苑区位于东路。中路自南向北依次为大宫门、垂花门、寝殿、后照房，大宫门后的二宫门开在侧墙上，可直通东路的四贤祠。西路自前向后为垂花门、中房、照房。各路以廊庑分隔形成小合院。四贤祠后为园林区，园内凿池筑山，建游廊，广植花木。寝殿前院落较大，也置有湖石假山和多种植物。四贤祠行宫建筑较为规整，但进宫路线较为往复（图5-5-10）。

① 晏子，名晏婴，春秋时期齐国人。
② 四贤祠为宋代胡瑗、孙复、石介、孔道辅四人的祠庙。

图 5-5-9
[清]《南巡盛典》——《晏子祠行宫》

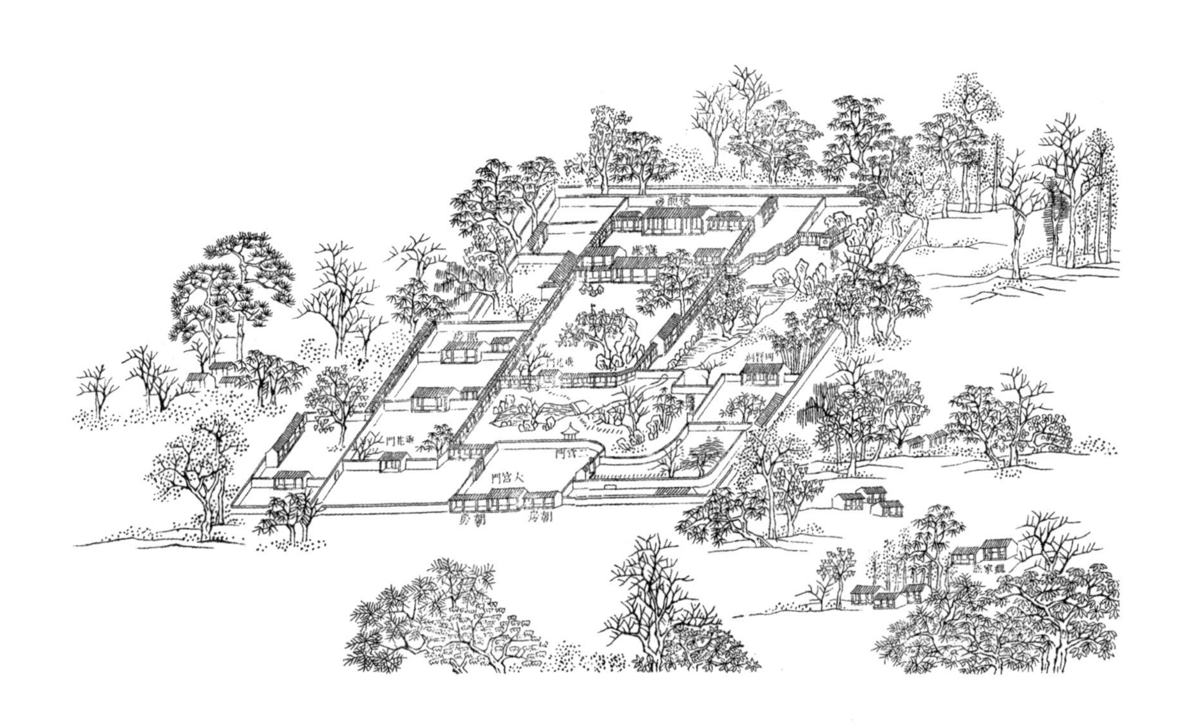

图 5-5-10
[清]《南巡盛典》——《四贤祠行宫》

古泮池行宫位于曲阜县城东南，原有泮宫、灵光殿。《古泮池行宫》一图也采用了地理舆图的表现方法。整座行宫按照宫苑分置格局，分为两大部分。上部为行宫区，下部为园林区。行宫区主要由三座方院构成，中院中央为寝殿，后为照房。各院子的下方为入口通道，从右向左依次为大宫门、二宫门和垂花门。寝殿对面为便殿，过便殿下台阶可至四明亭。四明亭位于园林区古泮池池边的平台上，亭侧只有湖石假山，通过折桥与水心亭相连。古泮池占据了园林区的大部分面积，池边种有松树、柳树等植被。行宫外还有茶膳房、值事房，大宫门外有一对朝房（图5-5-11）。

泉林行宫位于泗水县东五十里处陪尾山南，当地多泉眼，为泗水的源头，故名泉林。《泉林行宫》图中，整座行宫为前苑后宫格局，环绕以河渠。入口处有一座三开间牌坊，牌坊下为三座石拱桥，过桥为大宫门、二宫门，二宫门北为苑区。紧靠二宫门处为珍珠泉，泉北有御碑亭，井口向东延伸出一条曲状水渠，水边建有泗水源亭和子在川上处亭。水渠东有环廊，中央为横云馆。馆南为竹林，过竹林为巨大的水池，池边多湖石驳岸，池边有方亭和船亭，并架有九曲折桥。苑区以西有三座长条形的院子，中间的院子为泉林寺，寺内有佛殿和观音殿。泉林寺东为古荫堂，堂前置石假山，堂后竹丛。宫区位于苑区以北，分为三路，有正宫门、东宫门、西宫门三个出入口。正宫门以北为近圣居，两侧由廊庑围合。中路与西路之间有一座夹院，院内有红雨亭（图5-5-12）。

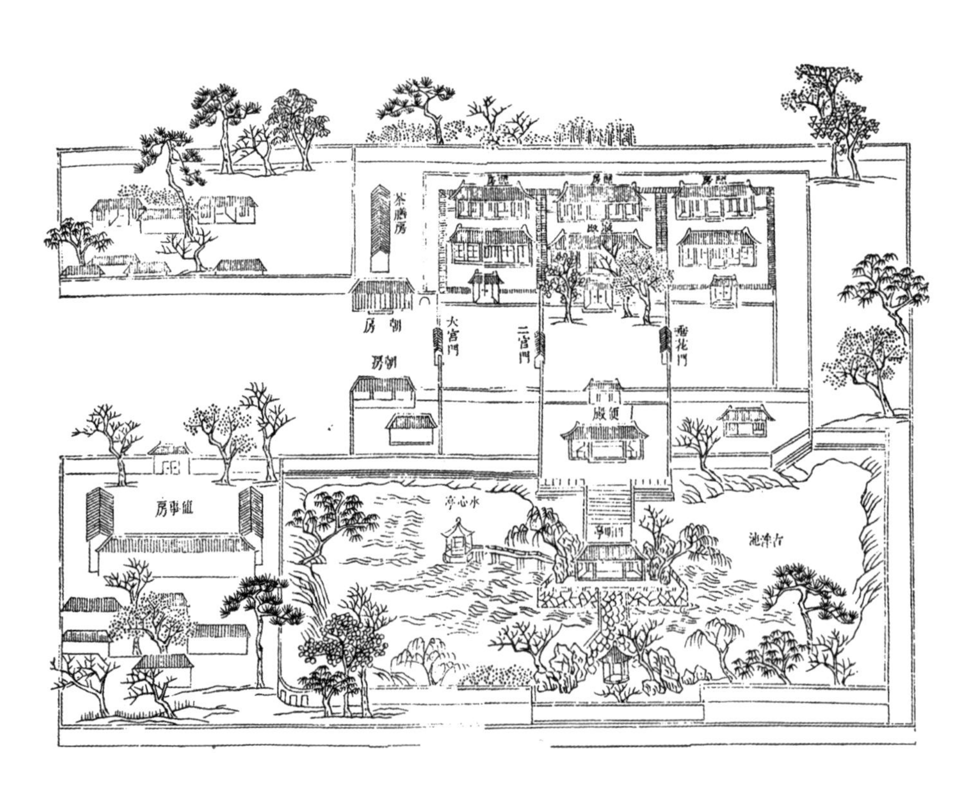

图 5-5-11
［清］《南巡盛典》——《古泮池行宫》

图 5-5-12
［清］《南巡盛典》——《泉林行宫》

万松山行宫位于费县东北十里处。万松山又名阳口山，山中多松树，附近为浚水之源头。《万松山行宫》图中显示，行宫设施位于山顶台层上，呈两路多院格局，内有前殿、寝殿、见山楼、望亭等，宫门前有值事房、军机房，布局较为简约，没有独立设置的园林区（图5-5-13）。

郯子花园行宫位于郯城县城外。《郯子花园行宫》图中显示，行宫设施较为简单。布局按照三路多进格局，建筑主要集中在西路和中路，中轴线上依次为大宫门、二宫门、便殿、垂花门、寝殿、照房。东路北半部分为小型花园，园内有假山植被，建有御书房（图5-5-14）。

天宁寺位于扬州府城拱辰门外，原为东晋谢安的别墅，后舍宅为寺，称为谢司空寺，北宋年间改为天宁寺。乾隆南巡时，在天宁寺营造了行宫设施。

《天宁寺行宫》一图中，行宫区与寺院区之间以夹院相隔，夹院内有数栋护卫房。行宫区分左中右三路，中路轴线上依次为大宫门、二宫门、前殿、寝殿、照房，左路依次为朝房、宫门、戏台、前殿、垂花门、寝殿、照房。右路分两区，前区为园林区，院内筑有假山，山上建有景亭。后区包括两座方院，西院为戏台和西殿，东院为内殿所在。右路西侧另有一处长条状的夹院，院内为护卫房。天宁寺布局按照寺院形制，轴线上依次为山门、天王殿、大殿、万佛楼，万佛楼后为后花园和僧房所在（图5-5-15）。

图 5-5-13
[清]《南巡盛典》——《万松山行宫》

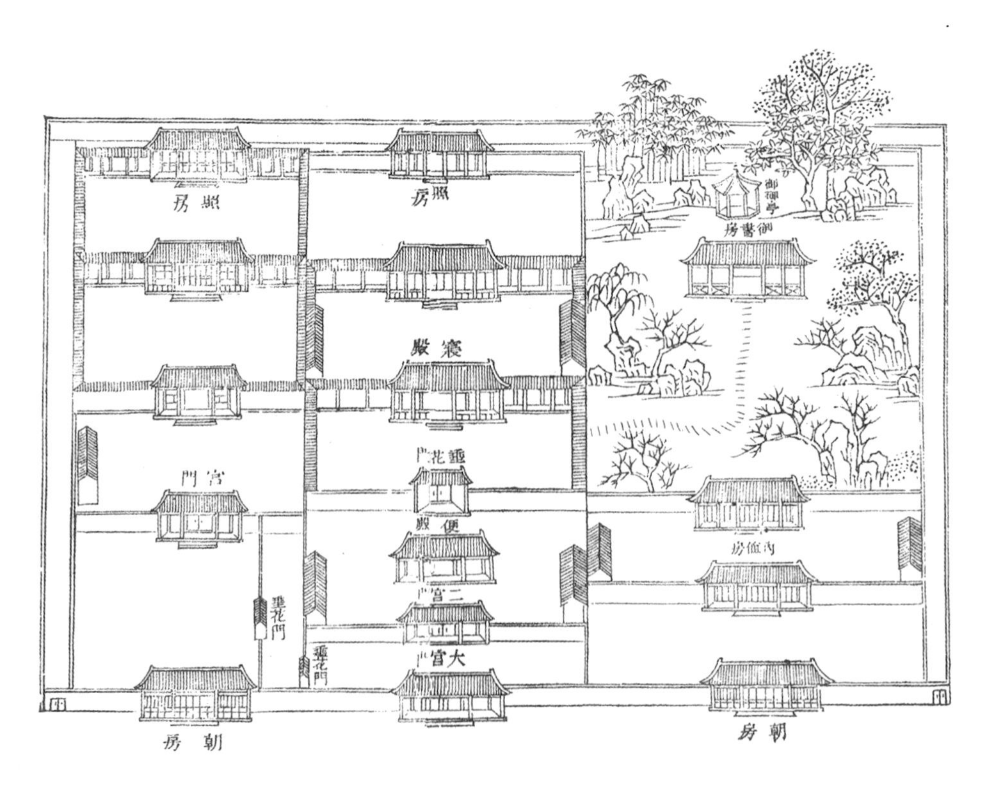

图 5-5-14
[清]《南巡盛典》——《郯子花园行宫》

图 5-5-15
[清]《南巡盛典》——《天宁寺行宫》

高旻寺位于扬州府城南三汊河茱萸湾，为交通要冲，河水北达淮河，西至仪征，南通瓜洲。《高旻寺行宫》一图中显示，寺院和行宫位于河口西岸。寺院偏东，寺内有大殿、京佛殿，殿后为塔院，内有天中塔。行宫区位于寺西，采取宫苑分置格局。宫区紧靠寺院区，分为三路。东路依次为宫门、垂花门、正殿、照殿，中路依次为大宫门、垂花门、前殿、中殿、后殿、后照房、卧碑亭，西路为书房。大宫门两侧建有朝房和茶膳房。园林区位于西路西侧、北侧，面积很大。园内以池沼为中心，池中筑有大小不一的三处洲岛，岛间以折桥和板桥相连。南侧洲岛面积最大，岛上有一座廊庑围合的方形合院，院内有看戏厅和戏台，向东通过廊桥直达西套房。环池有多座石矶，形成丰富的驳岸效果。洲岛与池边花木繁盛，池边有万字房，造型类似于圆明园中的万字房，只是规模较小。池边平地上有箭厅、石版房，西南角有一座歇山楼（图5-5-16）。

寒山别墅位于支硎山西。《寒山别墅》图中显示，寒山为峰岭名称，后面另有一峰，名为芙蓉峰。两峰石壁嶙峋，山势陡峭，山中多松树。寒山因明代赵宧光在此营造寒山别墅而出名。空旷平坦的山坡上有一处宫区，为乾隆驻跸休憩处。宫门内建筑不多，原为僧舍，呈前后排列，两侧由廊庑和院墙围合，并环绕以竹林、石壁，旷古幽静。宫门前有赵宧光手植的梅花树。宫区西侧为清浅池，池水通千尺雪，池旁有水阁、景亭，夹杂以竹丛、柳树。东侧为空谷，以院墙围合，园内环绕以假山石，临悬崖处建有石台高阁和观景榭，以游廊相连，是观山景的佳处（图5-5-17）。

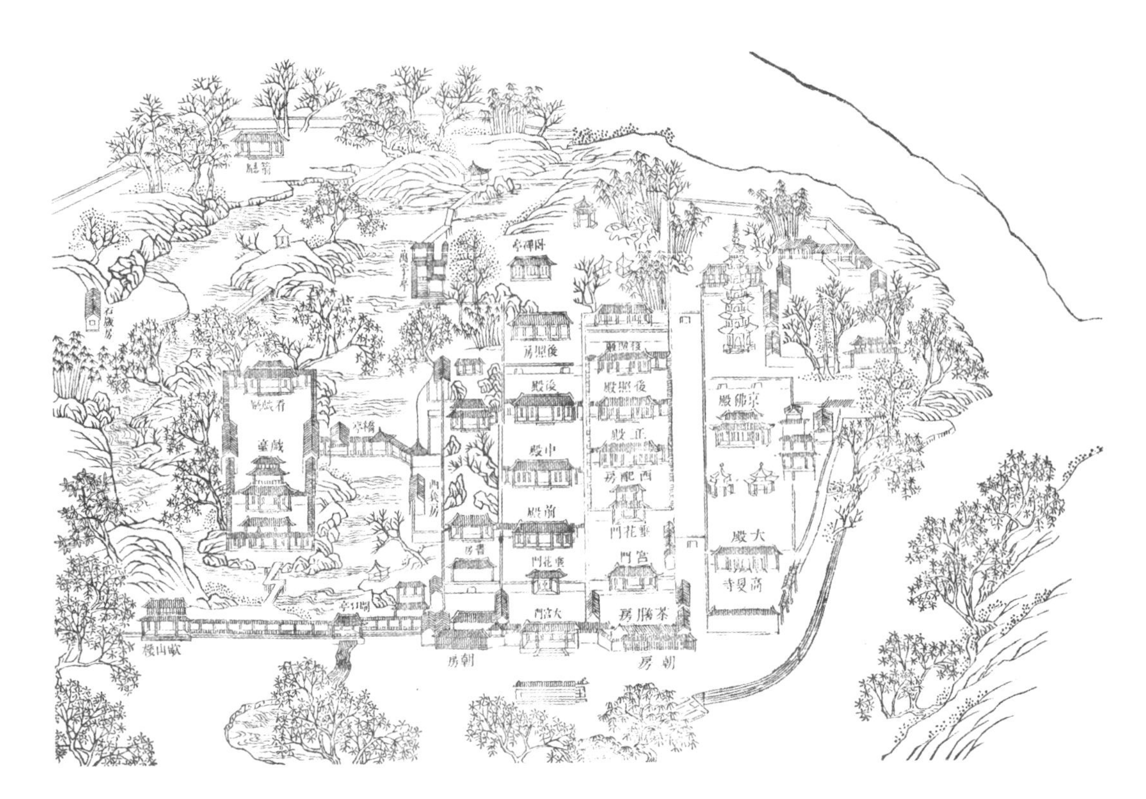

图 5-5-16
[清]《南巡盛典》——《高旻寺行宫》

图 5-5-17
[清]《南巡盛典》——《寒山别墅》

江宁行宫位于原江宁织造府，是乾隆南巡的驻跸之处。《江宁行宫》木刻插图中未表现周围环境的特征，而是以平面、立面结合的方式描绘了行宫布局和建筑式样。图像显示，江宁行宫采取了典型的宫苑分置格局。宫区主要有三路，中路建筑依次为大宫门、二宫门、前殿、中殿、寝殿、照房，东路建筑主要为执事房，西路为朝房、便殿、寝殿，朝房西侧跨院内建有茶膳房。茶膳房以北、以西为休闲娱乐区域，包括三个功能区。紧靠茶膳房北侧的为看戏区，建有戏台和便殿。茶膳房西侧为演武区，内有箭亭。看戏区北为园林区，园内有大池沼，池中有水阁，池岸以湖石砌筑，四周以廊庑围合，种植丰富的植被（图5-5-18）。

栖霞行宫是乾隆南巡路过栖霞山时的驻跸处。《栖霞行宫》一图描绘了行宫的建筑布局、形态及其周围的环境。图中行宫建筑依山势布局在逐渐升高的台层上。宫门区位于图像右部较低的台层上，宫门前有溪涧，涧上架有石桥。宫门前后两进，后进院一侧有三座跨院。主体行宫区位于稍高的台层上，以廊庑围合成三座回院，每座回院均前后两进，院后廊庑沿石壁曲折而行，连接数座观景休憩建筑。图中勾勒山石形态万千，树木以松树为主，行宫建筑附近多竹丛（图5-5-19）。

西湖行宫位于西湖北岸孤山南坡上，可观览西湖胜景，景观绝佳。《西湖行宫》图中，北半部为苑林，以宫墙围合，植被丰富，有一池贮月泉。主要园林建筑有瞰碧楼、云岫楼、玉兰馆、四照亭等，或者单置，或者以廊庑相连。行宫区位于南半部分，规模宏大，其间以夹道相隔分成两个区。西区主要有四路建筑。中路为大宫门、二宫门、正殿、寝殿、照房，东路为宫门、垂花门、正殿、寝殿、照房，西路为休闲区，有便殿、戏台、月拨云岫楼，西路西侧隔着一处演武场，还有一路建筑，主要为阿哥所，即皇子居住的地方。东区的中心建筑群为圣因寺，内有天王殿、佛殿与澄观斋，其西侧跨院有观音殿和罗汉殿，东侧建有西湖山房、揽胜斋、春秋阁等观景建筑，以院墙、廊庑分隔成数座方院（图5-5-20）。

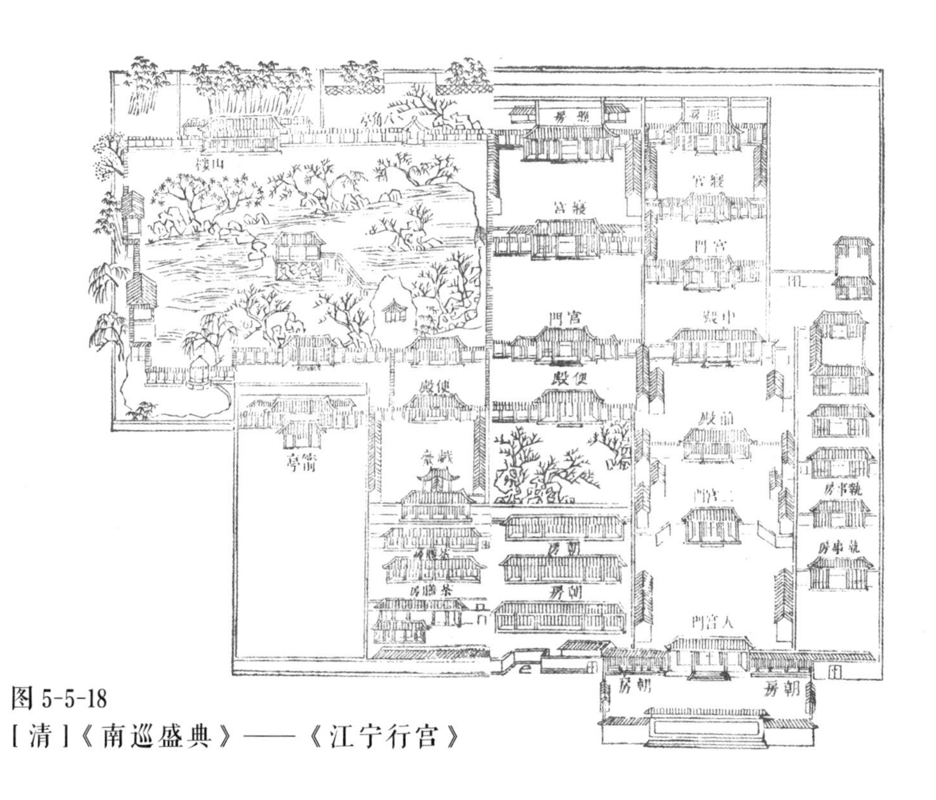

图 5-5-18
［清］《南巡盛典》——《江宁行宫》

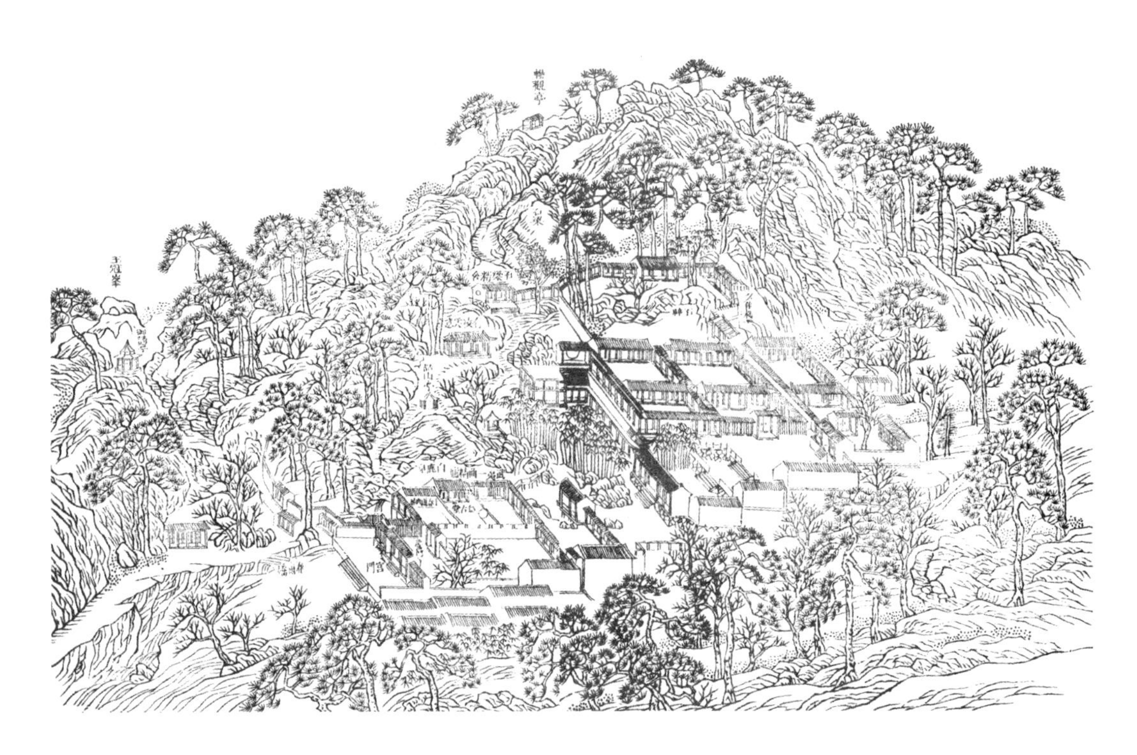

图 5-5-19
[清]《南巡盛典》——《栖霞行宫》

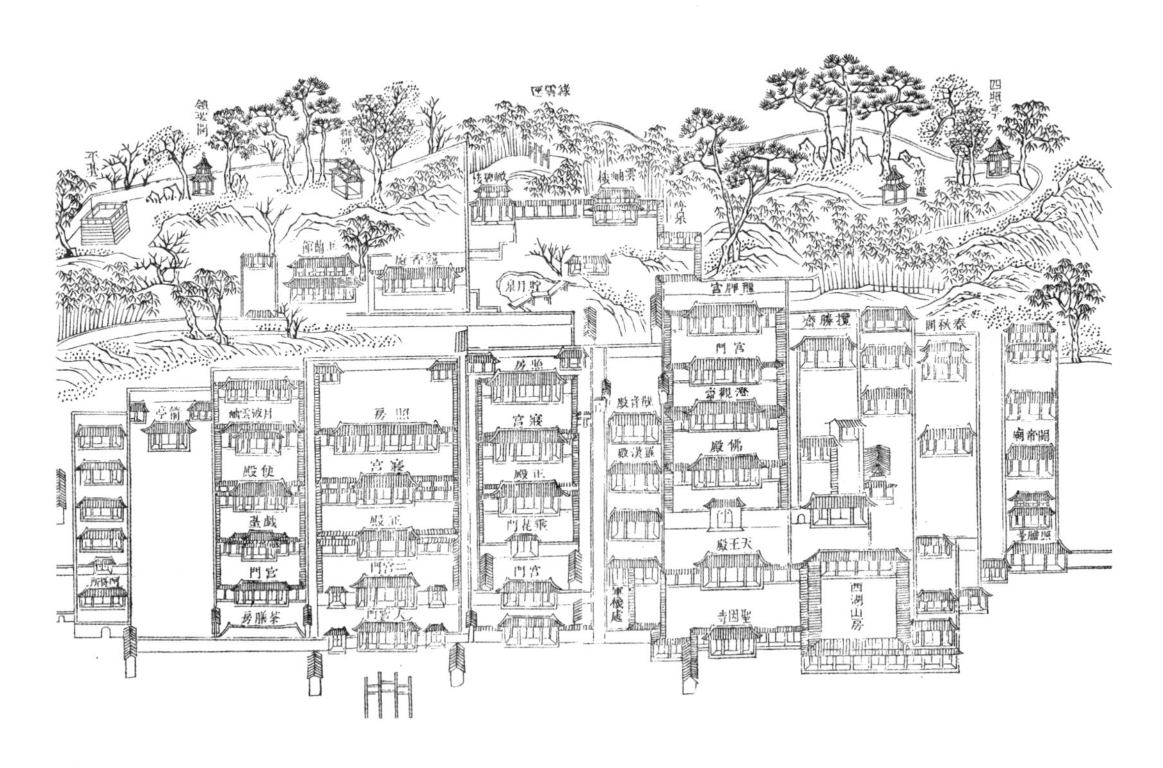

图 5-5-20
[清]《南巡盛典》——《西湖行宫》

第六节　西巡行宫图像

嘉庆年间武英殿刊行的《西巡盛典》中收录有含有西巡行宫御苑内容的木刻版刻图像十幅，分别为《黄新庄行宫》《半壁店行宫》《秋澜行宫》《梁各庄行宫》《大教场行宫》《台麓寺行宫》《白云寺行宫》《台怀镇行宫》《隆兴寺行宫》和《众春园行宫》。

黄新庄行宫为嘉庆西巡清凉山（五台山）途中的第一座行宫，位于良乡县地界内。《西巡盛典》卷十三有《黄新庄行宫》插图。图中，行宫位于良乡县城以北，四周基本为沃野，地势较为平坦，宫墙西侧有河流，河对岸有山冈隆起，冈上建有一塔。图像右下角露出良乡县城的城墙与城门楼。

行宫建筑按照左、中、右三路多进院落布局。中路由南向北依次为宫门、垂花门、大殿和照殿，前后四进院落，其中第二进、第三进院落以廊庑围合。左路主要建筑为西书房。右路主要建筑为东书房，东书房后有一座院中院，其主要建筑为三卷房。图中，三卷房为三座卷棚屋前后相连，屋前为院落，屋后有假山、植被（图5-6-1）。

半壁店行宫为嘉庆西巡时的第二座行宫，靠近南正村、北正村。《半壁店行宫》一图中，行宫北为上方山，山岭上矗立有北正塔。行宫格局与黄新庄行宫类似，均采用三路多进布局方式。不同之处在于右路主建筑除了东书房外，还有东大殿。三卷房位于左路西书房之后。图中河流为柳叶沟，发源于上方山（图5-6-2）。

秋澜行宫为嘉庆西巡时的第三座行宫，靠近秋澜村，北有檀山，东为槐河。《秋澜行宫》图中，溪涧自山中涌出，沿着行宫边流过。行宫建筑按照左、中、右三路布置，基本类似于黄新庄行宫的格局。中路主建筑依次为宫门、垂花门、大殿和照殿。右路主建筑包括东书房与三卷房。左路的主建筑为西书房和大殿。各路主建筑从南向北依次排列，以廊庑、隔墙分隔成多进合院（图5-6-3）。

梁各庄位于易州城西，北有万仞山、白杨岭，东有安河，梁各庄行宫是嘉庆西巡路线上的第四座行宫。《梁各庄行宫》图中显示，行宫规模比前面三座行宫稍大，布局也较为精致。图中，湍急的河流从行宫东南角流过，两岸有磐石柳树，一座单孔石拱桥架设于河上。行宫为三路多进格局。中路建筑自南向北依次为宫门、垂花门、大殿和照殿。右路建筑包括东书房和东大殿。左路建筑有西书房和三卷房。整体格局与建筑类型与前面三座行宫基本一致。不同之处在于，梁各庄行宫内有多处水池，如大殿前的院内有两座水池，三卷房院内有一处水池，水景是此处行宫园林的主要特色（图5-6-4）。

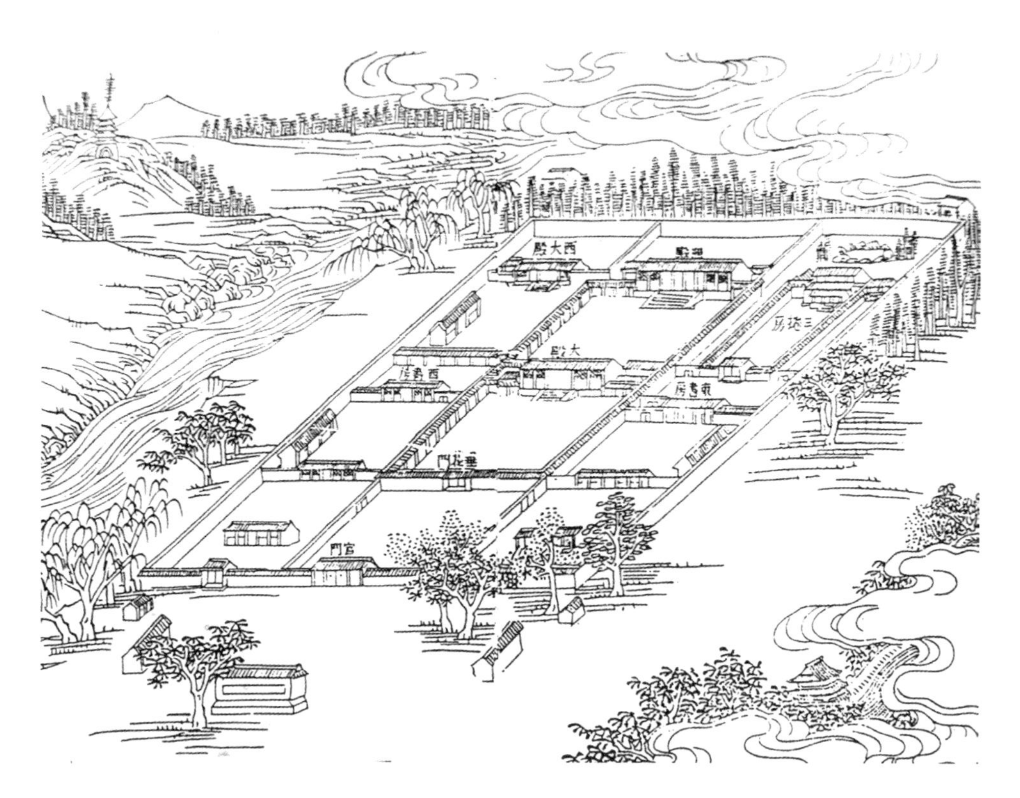

图 5-6-1
[清]《西巡盛典》——《黄新庄行宫》

图 5-6-2
[清]《西巡盛典》——《半壁店行宫》

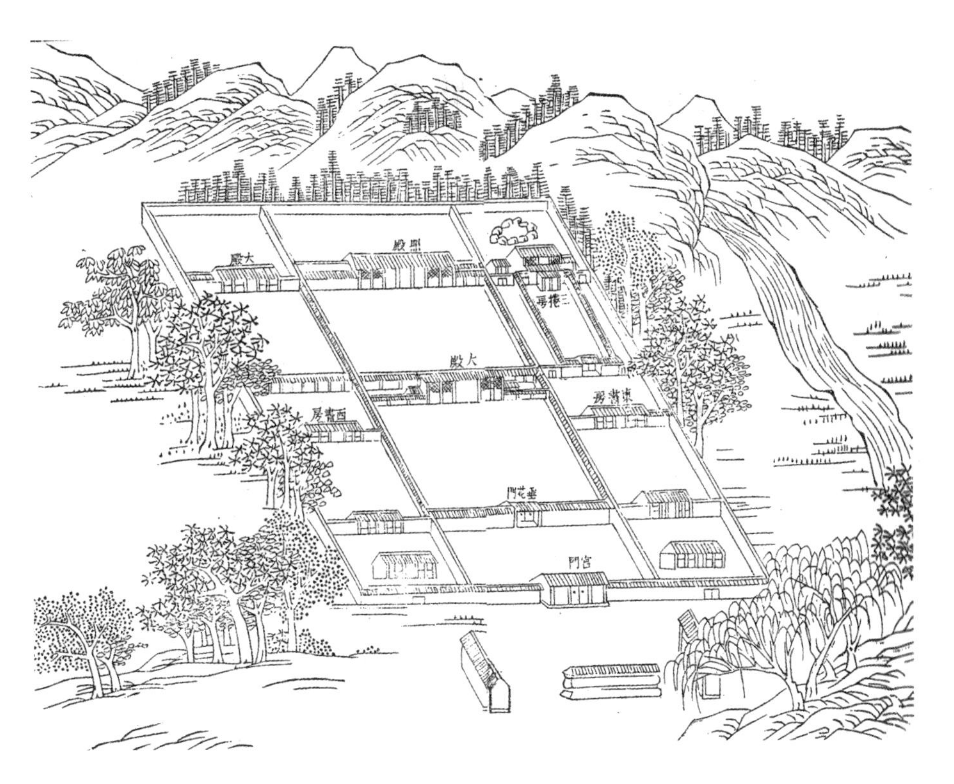

图 5-6-3
[清]《西巡盛典》——《秋涧行宫》

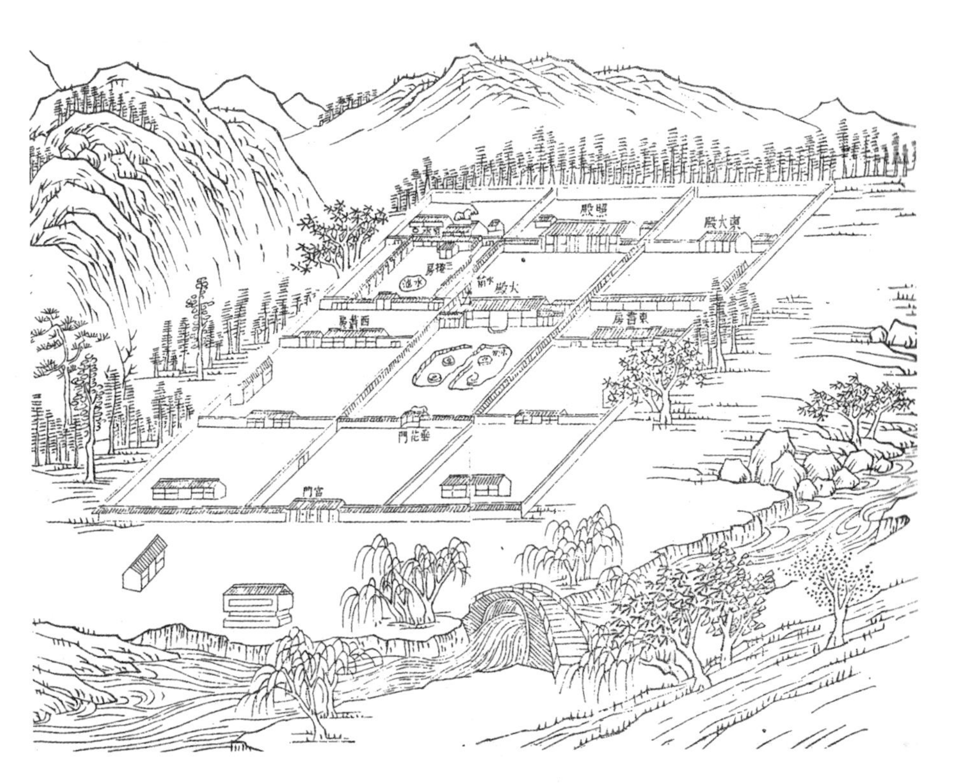

图 5-6-4
[清]《西巡盛典》——《梁各庄行宫》

大教场行宫位于阜平县胭脂河西、银河山南侧，于乾隆时期兴建，[1]嘉庆西巡时作为一处主要的行宫。《大教场行宫》一图中，行宫建筑按照左、中、右三路布局。中路主要建筑依次为宫门、垂花门、大殿、大楼。右路第五进、第六进院落植被丰富，院内置有假山，功能上属于园林区域。左路建筑名称不明，第五进院落最大，为行宫中的寝宫区。寝宫与大楼之间为后苑区域。后苑的主体为不规则形状的水池，池边廊庑曲折而行，与中路的大楼、右路回廊相连。池边植被茂盛，池东筑有假山，山上建有圆顶景亭（图5-6-5）。

台麓寺行宫位于五台山东台东侧射虎川上，紧靠台麓寺寺院而建。台麓寺是五台山的一处重要寺院，康熙曾御赐寺院梵书藏经、香檀佛像，乾隆曾赐额“妙庄严路”“筏通彼岸”“五髻香云”。[2]《台麓寺行宫》一图中，行宫与寺院依山而建，前方溪涧横流，背后山势雄伟。溪涧上架有左三右三共六座石桥，分别对应寺院和行宫的出入口。整个建筑群分为左、中、右三路，左路为寺院，中路为行宫，右路为园林。寺院为中轴对称格局，中轴线主要建筑包括牌坊、山门、香妍室、静寄斋。牌坊为四柱三间样式，矗立于石桥之后。山门两侧为八字墙，门前立有旗杆。香妍室即前殿，面阔三间，高两层，重檐歇山顶。静寄斋为后殿，面阔五间，重檐歇山顶，一层前方伸出抱厦三间。其侧边为书斋雨花轩。中轴线两侧各有两对配殿，相向而建。院子拐角处各有一座重檐歇山顶小楼。中路为行宫主要建筑区，分为前后五进院落，中轴线上布置五栋主要殿宇。第三、四两进院落为主院，四周以廊庑围合，其中第三进院落两侧各有配殿。门殿前有影壁，两侧建有配房。东路的主体为大花园。花园四周廊庑围合。园内有假山，山前为园池，池内筑有中岛，岛上建有一座重檐攒尖四方阁（图5-6-6）。

白云寺行宫位于台怀镇南，紧靠白云寺而建，处于群山怀抱之间。《白云寺行宫》一图中，行宫位于图右部，白云寺位于其左下方。入口通道自画面右下角开始，经过一条湍急的溪涧。溪涧上架有石桥，过桥为入口牌坊。过牌坊直行为白云寺山门殿。山门殿前左右立有旗杆，殿后为方院，院子正对面是一座影壁，两侧各有一殿相对。方院下方为主院，呈矩形，院内有三开间的佛殿，其后有照殿和耳房，两边配殿相向而建，院角建有两座重檐楼阁。白云寺原名卧云庵，康熙曾赐额“法云真际”，乾隆赐额“松风花雨”“朗莹心珠”“法云地”。[3]

行宫位于白云寺北，其轴线与白云寺轴线呈直角关系。牌坊两边有巨大的树木，右边树下矗立一座影壁，影壁正对行宫的宫门。宫门前面两侧有两座配房，相对而建。宫门后建筑物分为左中右两路。中路前后有五进院落，以廊庑围合。第二进至第五进为主院，建筑物面阔五间、七间，其中前殿为引怀堂，后殿为静宜书屋。右路前后五进院落。左路是大花园，园内筑山理水，曲尺状游廊横跨水池，连接中路廊庑与假山上的观景建筑（图5-6-7）。

---

①［清］彭龄等辑：《西巡盛典》卷十三。
②［清］彭龄等辑：《西巡盛典》卷十四。
③［清］彭龄等辑：《西巡盛典》卷十四。

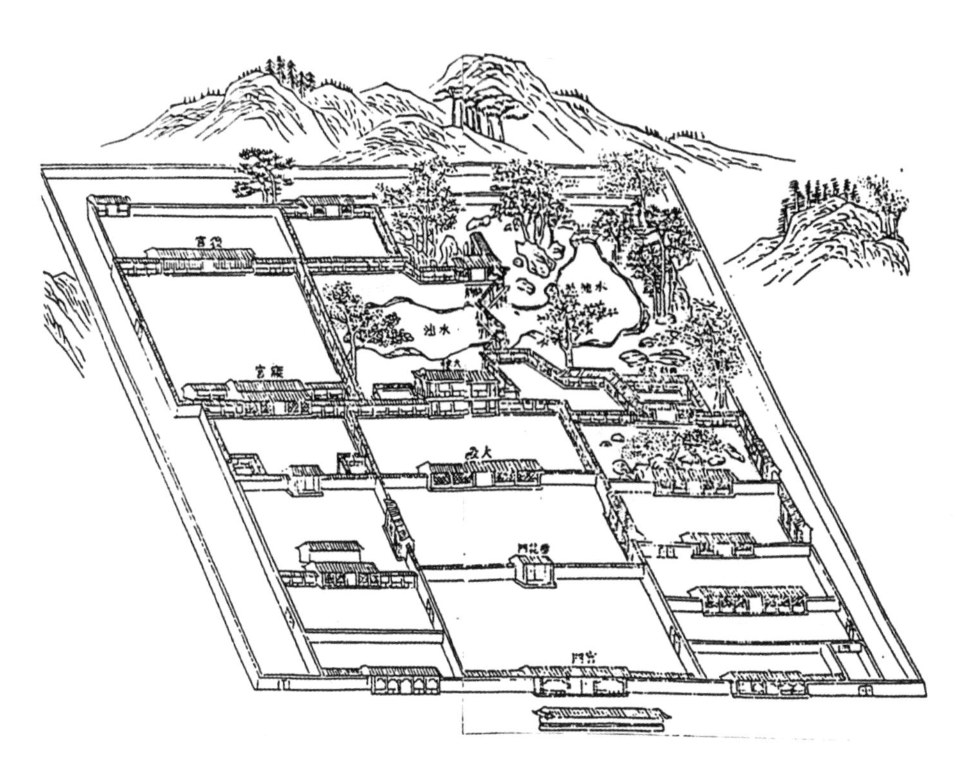

图 5-6-5
[清]《西巡盛典》——《大教场行宫》

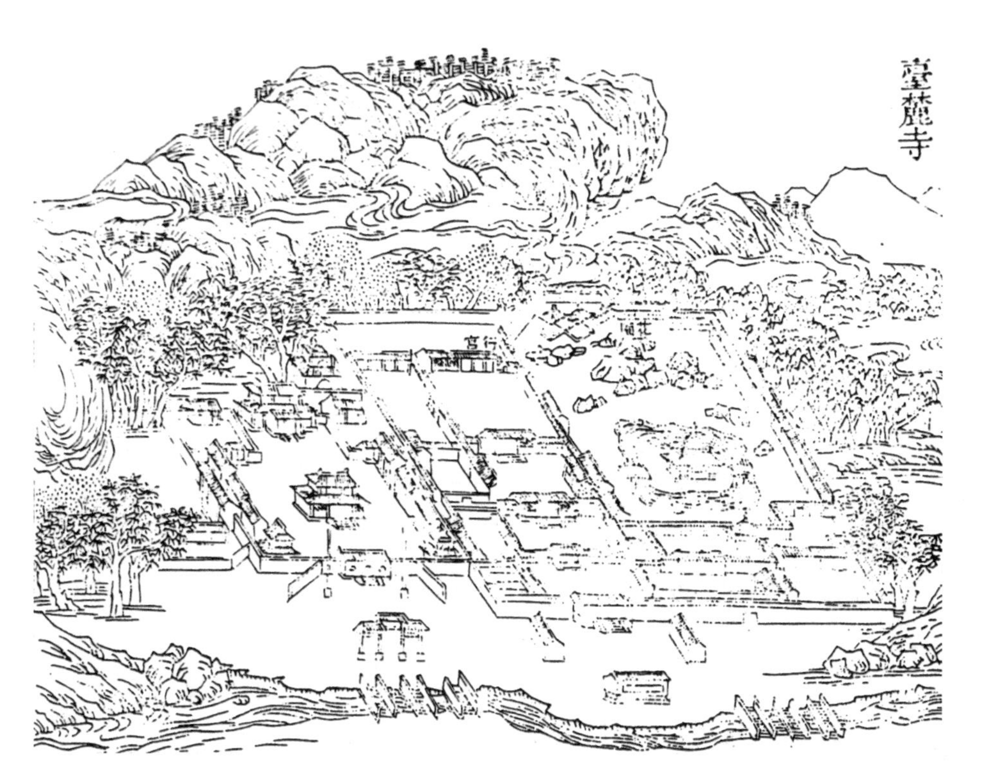

图 5-6-6
[清]《西巡盛典》——《台麓寺行宫》

图 5-6-7
[清]《西巡盛典》——《白云寺行宫》

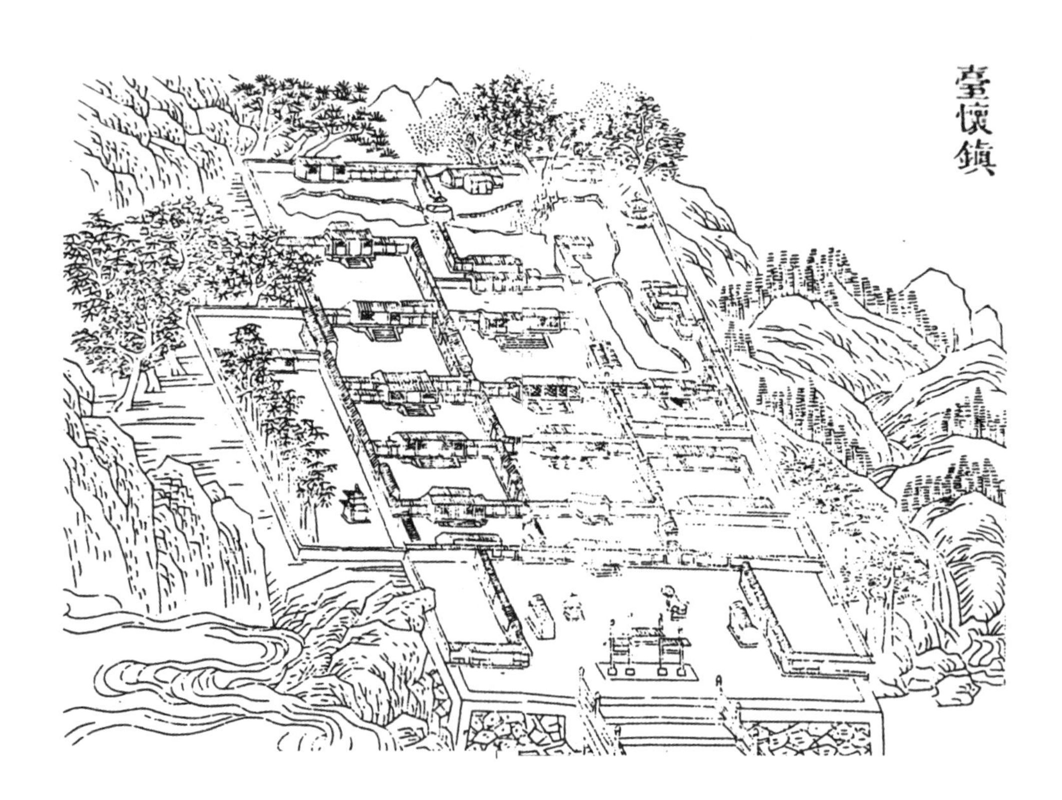

图 5-6-8
[清]《西巡盛典》——《台怀镇行宫》

台怀镇行宫位于灵鹫峰山麓，距离菩萨顶较近，原来称为菩萨顶行宫。乾隆二十五年曾改建，乾隆给正殿赐额“恒春堂”，后殿赐额“清凝斋”。嘉兴西巡也驻跸于此。《台怀镇行宫》一图中，行宫四周山岭环绕，青松苍郁。前方的高台基表明，行宫所在地形后高前低。入口位于前方，台阶上方矗立四柱三开间牌坊，牌坊后宫门、配房围合成方形空地，配房前各有一尊兽像。行宫建筑主要按照左、中、右三路布局。左、中路前后五进院落，右路前后三进院落。左路轴线上第一座主体殿宇面阔五间，为卷棚勾连搭屋顶，第二座殿宇面阔五间，第三座面阔三间，为勾连搭屋顶，第四座殿宇面阔三间，第五座面阔三间，各院均以廊庑围合。中路轴线上第一座建筑为宫门，两侧伸出廊庑。第二座建筑面阔三间，第三座殿宇面阔五间，为勾连搭屋顶，第四座面阔五间，第五座、第六座殿宇均面阔七间，两侧以廊庑围合，并建有配殿。右路第一进院子没有建筑，第二进内有院中院，前后有两座五开间殿宇，第三进院子前后两座三开间殿宇相对而建。在三路建筑之后，另有一座花园。园内凿有池沼，池上架两座桥。一条曲折游廊，时而沿池边，时而跨池，跨池处建有一座重檐攒尖水阁。池边有分散建筑，造型各异。如与中路轴线相对的一座建筑，仅靠后墙，面池而立，面阔五间，前面伸出抱厦三间。池沼东北角大树下有一亭，倚墙而立，重檐攒尖亭顶。其对岸池边建有曲尺状建筑。行宫最左侧有一座跨院，院内种植有篁竹，竹下可见一座重檐四方亭（图5-6-8）。

隆兴寺行宫位于河北正定城东，紧靠隆兴寺而建。隆兴寺始建于隋代开皇六年（586），原名龙藏寺，唐代更名为龙兴寺，宋开宝四年（971）在寺内铸造铜制佛像，故又称大佛寺。康熙、乾隆、嘉庆均西巡至此，康熙赐名为“隆兴寺”，并在寺院西部修建行宫。《隆兴寺行宫》一图中，整个建筑群坐北朝南，大体分为东、西两大部分。寺院位于东，行宫位于西。寺院布局规整，主要殿宇沿南北中轴线分布。轴线最南端为琉璃照壁，照壁北侧是三路单孔石桥，过桥为四柱三间牌楼。牌楼以北为寺院入口天王殿。天王殿即山门殿，建于北宋初期。殿宇立于高台基上，面阔五间，进深两间，单檐布瓦歇山顶，殿内中间供奉金代木制雕塑——大肚弥勒佛，两侧供奉四大天王塑像。①天王殿后的院落左右有钟楼、鼓楼，其北侧为大觉六师殿。殿宽九间，前有月台，殿内供奉有释迦牟尼佛及其之前的六位祖师，共计七尊佛像。大觉六师殿以北为摩尼殿。此殿为重檐九脊殿，殿身平面为方形，面宽、进深均为五间，四个面各出抱厦一座，以山面向前，殿内供奉五尊宋代泥塑金装佛像，殿后悬塑五彩假山正中有原塑于宋代、修补于明代的彩塑观音像，四壁均有绘于明代成化年间的壁画。

摩尼殿以北为戒坛。戒坛极有可能在隋朝舍利塔位置兴建。②戒坛底部石台为明代所建，坛身为清代乾隆时期所建的四角攒尖重檐三滴水溜金斗拱建筑。戒坛台上铜铸双面佛像是明代弘治六年（1493）所铸，供奉西方极乐世界教主阿弥陀佛及东方净琉璃世界的教主药师佛。③图中戒坛周围由廊庑围合，自成一院，南面有牌楼门与摩尼殿院相通。

---

① 聂金鹿：《隆兴寺天王殿的建筑时代及复原设想》，文物春秋：1999 年第 3 期，第 60—63 页。
② 张永波，于坪兰：《试论正定隆兴寺隋舍利塔到戒坛的演变》，文物春秋：2011 年第 4 期，第 9—14 页。
③ 周月姿：《正定隆兴寺戒坛整体梁架的拨正工程》，古建园林技术：1988 年第 1 期，第 51、52 页。

戒坛北面轴线东、西两侧分别为慈氏阁和转轮藏阁。转轮藏阁平面呈正方形，面阔、进深均三间，高两层，重檐歇山顶，一层前出雨搭，二层四周有平座，阁内有木制转轮藏。[①]慈氏阁与转轮藏阁形制相似，阁内供奉有木制弥勒雕塑。

慈氏阁和转轮藏阁后各有一座御书亭，为重檐攒尖顶，再往北有一座巨大的楼阁——大悲阁。大悲阁是隆兴寺的主阁，内部高三层，外观为五重檐九脊顶，阁内供奉一座宋代铜铸千手千眼观音像。[②]阁两侧分别为御书楼和集定阁，图中显示均为三重檐。阁前有月台，后侧由廊庑与围墙围合成院落。

行宫建筑群位于寺院西侧，呈四路多进合院布局。宫门入口位于建筑群西南角。大宫门朝西，门前有八字墙影壁，入内为一座大方院。方院北的建筑分中、西、东三路布置。中路自南向北依次为二宫门、三宫门、大殿，大殿后又由廊庑围合，辅助以假山、植被。西路前有两卷房，中有廊庑，后有游廊，游廊前有曲水池，池中有曲桥岛屿，池边筑有假山，环池种植有植被。西路与中路的后部相连成一座宏大的后花园。东路主体为寝殿建筑，前有两进入口，中央为寝殿，殿前后以廊庑围合。入口方院东侧另有前后数进院落，其后部为后宫居所（图5-6-9）。

众春园位于定州城东北，原为宋初李昭亮的囿苑，后荒废。宋仁宗时期知州韩琦重新修建，成为供公众游乐休憩的园林。乾隆十一年改建为行宫。《众春园行宫》一图中，行宫建筑群分为四个部分，分别为东南部的行宫建筑区、中部的雪浪斋区、西部建筑区和北部的后苑区。

大宫门位于南侧，门外有一圈沿着宫墙的壕沟，沟外有方形水池。池中加单孔石拱桥，桥东西两侧为配房，南侧矗立一座三开间的入口牌楼。入内为大方院，向东过二宫门，即进入行宫建筑区。行宫建筑区前有宫门，中间为大殿，后部为寝殿，寝殿东部为后殿。寝殿面阔七间，大殿面阔五间，后殿面阔五间，两侧伸出廊庑，围合成院落。

中部雪浪斋区位于大宫门北侧。主体建筑雪浪斋面阔三间，前后两卷屋顶，左右与廊庑相连，围合成方院，院中放置有雪浪石。西侧长方形院中有一栋韩苏祠，祠堂面阔三间，由前后两座建筑组成。韩苏祠是祭祀韩琦、苏轼的祠堂。雪浪石是宋代名石，原为苏轼所得，苏轼称其斋为雪浪斋。康熙四十一年修缮众春园时候，新建雪浪斋、韩苏祠，并移雪浪石置于其园。[③]

西部建筑区位于韩苏祠西侧，前后数进隔院。图中四栋建筑位于南北轴线上，两栋建筑座西朝东，建筑物基本面阔三间，建筑功能不明，很有可能是辅助性建筑。

后苑区位于雪浪斋和寝殿之后。苑内中心是巨大的水池，岸线曲折。池中有曲堤穿越，将水面分为大小不等的三个部分。池北堆土成岭，环池种植有丰富的植被。池西北有曲尺状游廊，背山面水，右侧与水阁和西部建筑区的廊庑相连。东侧池中堤岸上建有景亭，六方攒尖顶，两面临水（图5-6-10）。

---

① 梁思成：《中国建筑史》，天津：百花文艺出版社，2005年，第210页。
② 程纪中：《隆兴寺》，文物：1979年第1期，第92—94页。
③ 翔之：《定州众春园考》，文物春秋：2002年第1期，第27—36页。

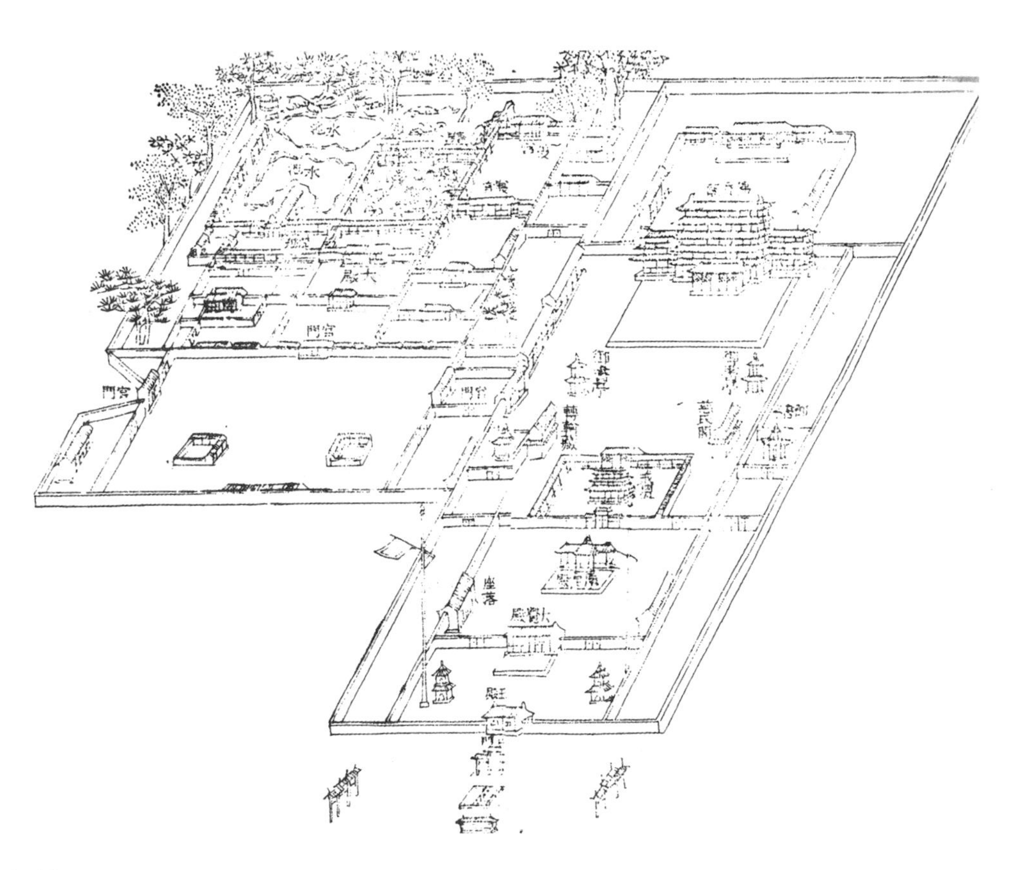

图 5-6-9
[清]《西巡盛典》——《隆兴寺行宫》

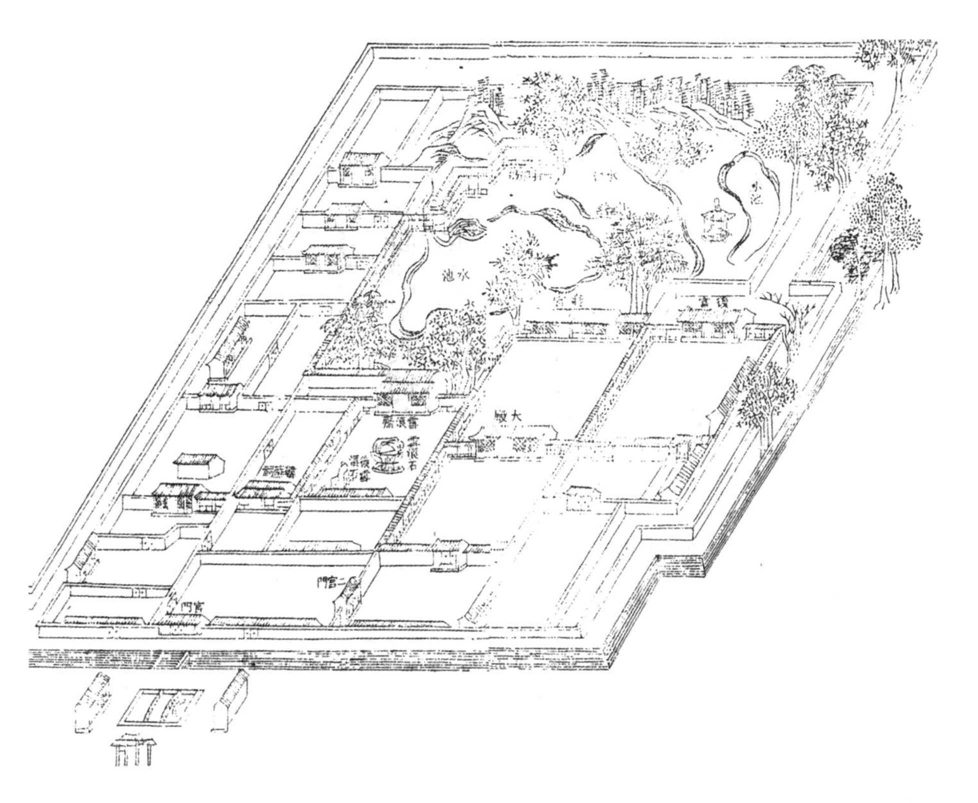

图 5-6-10
[清]《西巡盛典》——《众春园行宫》

图 5-7-1
[清]《莲池行宫十二景图咏》
——《春午坡》

第七节 莲花池行宫图像

莲花池行宫又名临漪亭行宫，建于乾隆十五年（1750），依托保定城的古莲花池而建。古莲花池最初名为雪香园，由元代蒙古行军千户、保州等处都元帅张柔所营建。保定位于北京南，东、南、北均为冀中平原，西侧为太行山脉，自古为兵家必争之地。北魏太和元年（477），在此设置清苑县。后因连年战乱，成为废城。北宋时期，宋太祖下令在清苑县原城址西南设置新城保塞军，后改为保州。金灭北宋后，保州改为顺天军，后毁于蒙古军队。元初，张柔重建了保定城，城市规模扩大。因为城中之水碱卤难饮，故引鸡距河、一亩泉之水入城，疏通水道，营造园林。雪香园即是当时营造的主要园林之一，园北为张柔副元帅贾辅的别业，其中建有用于藏书的万卷楼。

雪香园池沼之水引自鸡距河、一亩泉，池内荷花繁盛，又称为莲花池。莲花池最初为私家园林，明代成为官署园林，清代成为行馆。①雍正十一年，直隶总督李卫在此设置讲堂书屋，名为莲池书院。乾隆年间依托莲花池设置行宫，成为西巡驻跸之所。

莲花池被辟为行宫后，直隶总督方观承主持修葺了园林建筑，疏浚了河道，并对莲花池主要景点绘图十二幅，各图配以诗句和图解，形成《莲池行宫十二景图咏》（原名《保定名胜图咏》）。现存该图咏为木刻图版，计有《春午坡》《万卷楼》《花南研北草堂》《高芬阁》《宛虹亭》《鹤柴》《蕊幢精舍》《藻泳楼》《绎堂》《寒绿轩》《含沧亭》十一幅图像（图5-7-1~图5-7-11）。

春午坡位于入口处，门厅朝北，面阔三楹，两侧各有一座便门。入内为小前院，其南为较大的方院，

---

① 杨淑秋：《保定〈古莲池〉园林史略》，中国园林：1996年第2期，第17、18页。

图 5-7-2
[清]《莲池行宫十二景图咏》——《万卷楼》

图 5-7-3
[清]《莲池行宫十二景图咏》——《花南研北草堂》

图 5-7-4
[清]《莲池行宫十二景图咏》——《高芬阁》

图 5-7-5
[清]《莲池行宫十二景图咏》——《宛虹亭》

图 5-7-6
[清]《莲池行宫十二景图咏》——《鹤柴》

图 5-7-7
[清]《莲池行宫十二景图咏》——《蕊幢精舍》

图 5-7-8
[清]《莲池行宫十二景图咏》——《藻泳楼》

图 5-7-9
[清]《莲池行宫十二景图咏》——《绎堂》

图 5-7-10
[清]《莲池行宫十二景图咏》——《寒绿轩》

图 5-7-11
[清]《莲池行宫十二景图咏》——《含沧亭》

院内筑有大假山，峰峦叠嶂，形态奇巧，中有小道可穿山而过。山体花木繁茂，春日花开似锦。假山四周有廊庑围合，廊庑靠近池水处与濯锦亭相接。濯锦亭为四方攒尖顶，亭前有半壁廊。

濯锦亭向西有数座方院，均为前后数进。其中的主屋为花南研北草堂，面阔三间，是宴客之处，乾隆曾在此召见直隶官员。花南研北草堂西侧院中主建筑为重阆之居，是宴客之后的休憩场所。

万卷楼位于花南研北草堂西侧。图中水岸后是由复道回廊围合成的两重院落，南侧靠近水面的为因树轩，院内建有御诗亭（又名宸咏亭）。两院之间为面阔三间的“绪式濂溪”，北院主建筑万卷楼高两层，坐北朝南，呈“凹”字形，两侧通过回廊与“绪式濂溪”相接。

高芬阁高两层，位于池北，面阔、进深均三间，是欣赏水景与荷花的佳处。阁西侧是奎画楼，阁后为由两层游廊围合的方院。

宛虹亭位于莲花池西北的洲岛上，是一座五柱圆顶攒尖的笠亭，四周植被茂盛。莲花池中共有两处洲岛，均为清初修筑。宛虹亭所在的洲岛面积较小，岛一侧有曲径平桥与北岸相通，另一侧通过曲折的堤岸与宛虹桥相通，过桥可至南侧的大洲岛。

鹤柴是园中养鹤之处，位于池西。《鹤柴》图中前景为水口溪流，其上架设有一座廊庑桥，桥南侧的池岸边建有一座课荣书舫。书舫的造型如同水榭，直面池中的荷花。四周有柳树、篔竹，充满自然野趣。

蕊幢精舍位于鹤柴南、莲花池的西南角，是莲池行宫范围内的一座寺院。图中蕊幢精舍为两重方院，均由廊庑围合，四周竹林茂密。较大的方院靠西，院内有十诵禅房，院后有藏经楼。东侧方院较小，南北两侧各有一座精舍，相对而建。

藻泳楼建于莲池中偏南的大岛上，图中藻泳楼建于台基上，楼高两层，卷棚重檐歇山顶，楼南隔水与假山相望，一层东侧延伸出曲廊，沿廊可至东岸。洲岛上植被葱郁，楼前置有多座太湖石。

池南岸筑有假山，山后建有绎堂。《绎堂》图中，假山位于画面的前景，山中有一座六边形攒尖亭。假山中有山道，左下角的山道通向绎堂的后院。绎堂建于台基上，面阔三间，卷棚顶，前面伸出卷棚顶的抱厦。此处是射箭演武的场所。绎堂后延伸出甬道，通向画面右上部分的假山，山下建有一座观景楼。观景楼面阔三间，高两层，卷棚顶，前面出廊，雕梁画栋，装饰精美。

寒绿轩位于观景楼东北。图中，寒绿轩四周竹林茂密，前有水池驳岸，富有自然野趣。竹林之间，寒绿轩面阔五楹，屋顶为卷棚悬山顶，前有竹篱笆围合成的小院。轩后是一座较大的院落，院墙开月洞门，院内游廊围合，其中的建筑面阔三间，名为竹烟槐雨之居。寒绿轩另一侧有较高的石台，台上建有一座凉榭，四面通透，卷棚歇山顶。竹林前方石矶交错，水口处一座三孔石砌的绿野梯桥架于岸矶上，过桥可至藻泳楼。

含沧亭位于池沼东侧、偏留洞假山东北，此处水道狭窄、水流湍急。图中左上角是巨大的假山障壁，山下溪涧环流汇入池沼。在水口处架设有石板桥，桥上之亭即为含沧亭。亭实为水榭，四面通透，榭顶为卷棚歇山顶，柱间有美人靠，可供人在此休憩观景。假山后有沿着溪流而建的环形游廊，廊端是一座高两层的水东楼。[①]

同治年间，黄彭年（字子寿）出任莲池书院院长，其夫人刘氏重绘了《莲池行宫十二景图咏》。刘氏重绘图像十二幅，均为纸本工笔设色画，各幅纵23厘米，横25厘米，笔触细腻，色彩艳丽。相比较于木刻版画，刘氏的图咏多《篇留洞》一幅。图中显示，偏留洞位于藻泳楼东侧，是一座巨大假山中的石洞。此假山是园内最大的假山，垒石成峰，姿态生动，周围有松柏苍翠。山中有磴道可通洞内，山巅有亭，名为乐清亭（图5-7-12~图5-7-23）。

① 孟繁峰等编著、中国人民政治协商会议河北省委员会文史资料研究委员会编：《古莲花池》，石家庄：河北人民出版社，1984年。

图 5-7-12
[清]《莲池行宫十二景图咏》——《春午坡》

图 5-7-13
[清]《莲池行宫十二景图咏》——《万卷楼》

图 5-7-14
[清]《莲池行宫十二景图咏》——《花南研北草堂》

图 5-7-15
[清]《莲池行宫十二景图咏》——《高芬阁》

图 5-7-16
[清]《莲池行宫十二景图咏》——《宛虹亭》

图 5-7-17
[清]《莲池行宫十二景图咏》——《鹤柴》

图 5-7-18
[清]《莲池行宫十二景图咏》——《蕊幢精舍》

图 5-7-19
[清]《莲池行宫十二景图咏》——《藻泳楼》

图 5-7-20
[清]《莲池行宫十二景图咏》——《篇留洞》

图 5-7-21
[清]《莲池行宫十二景图咏》——《绎堂》

图 5-7-22
[清]《莲池行宫十二景图咏》——《寒绿轩》

图 5-7-23
[清]《莲池行宫十二景图咏》——《含沧亭》

《西巡盛典》中有《莲花池》和《临漪亭行宫》两图。《莲花池》图中，视点位于入口上方。水面自画面右上角延伸至左下部，水中有大小两座洲岛。图中前景为水池的北岸，入口位于画面右下部，即园林的东北角。图中水池的左上部分，即西南岸有两座相邻的方院，较大的一座院内有关帝庙和藏经楼，应为原来蕊幢精舍所在。景点结构与乾隆时期的《莲池行宫十二景图咏》较为相似。

《临漪亭行宫》一图中，视点位于行宫区域前上方。图中行宫呈现宫苑分置格局，大体分为三个区域，即行宫建筑区、灵雨寺区和园林区。行宫位于莲池书院南园、万卷楼西。图中行宫建筑区分为四个部分：入口区、寝宫区、后宫区和书房区。入口区位于前方，前后两重宫门。第二重宫门以后为廊庑，廊庑中间是一座面阔三楹的殿宇。寝宫区位于入口区左上部，前后两进方院。前院四周以廊庑围合，院内种植有两株巨大的树木。树木后是寝殿，面阔三间，卷棚顶，两边各有一座耳房。寝殿后面是一座较大的后殿，面阔五间，殿两侧为院墙。后宫区位于寝宫区右侧，前后三进院子。第一进为长条形，第二进为主院，四周由廊庑围合，廊庑中央为面阔三间的后宫殿宇。第三进院以院墙围合，院后的建筑面阔五间。书房区位于入口左侧，院中央为书房，面阔三间，两侧有配房和廊庑，该区隔离成前后两个院落。书房前后院均有水池、湖石、假山和植被，后院较大，四周均绕以廊庑，形成观景游线。书房区与入口区之间还有一座方院，院门面向入口区，其内部以隔墙隔离成左、中、右三个小院。院内主殿位于中院后部，面阔五间，卷棚硬山顶。灵雨寺区位于行宫入口右侧。山门位于前方，面阔三间，开三券门。山门殿后面为长方形的主院，院中央为佛殿，面阔三间，悬山顶。院后部为大悲殿，面阔五间，两边伸出廊庑与两侧的配殿相接。园林区即古莲花池范围，景点与《莲花池》图中相似（图5-7-24、图5-7-25）。

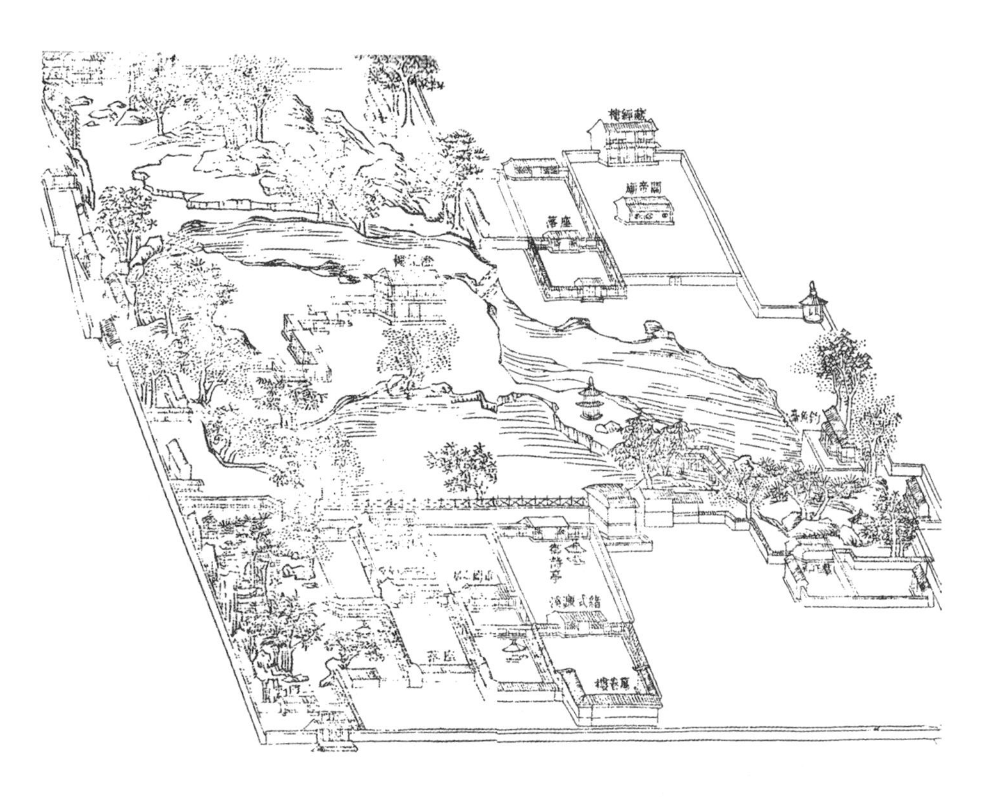

图 5-7-24
[清]《西巡盛典》——《莲花池》

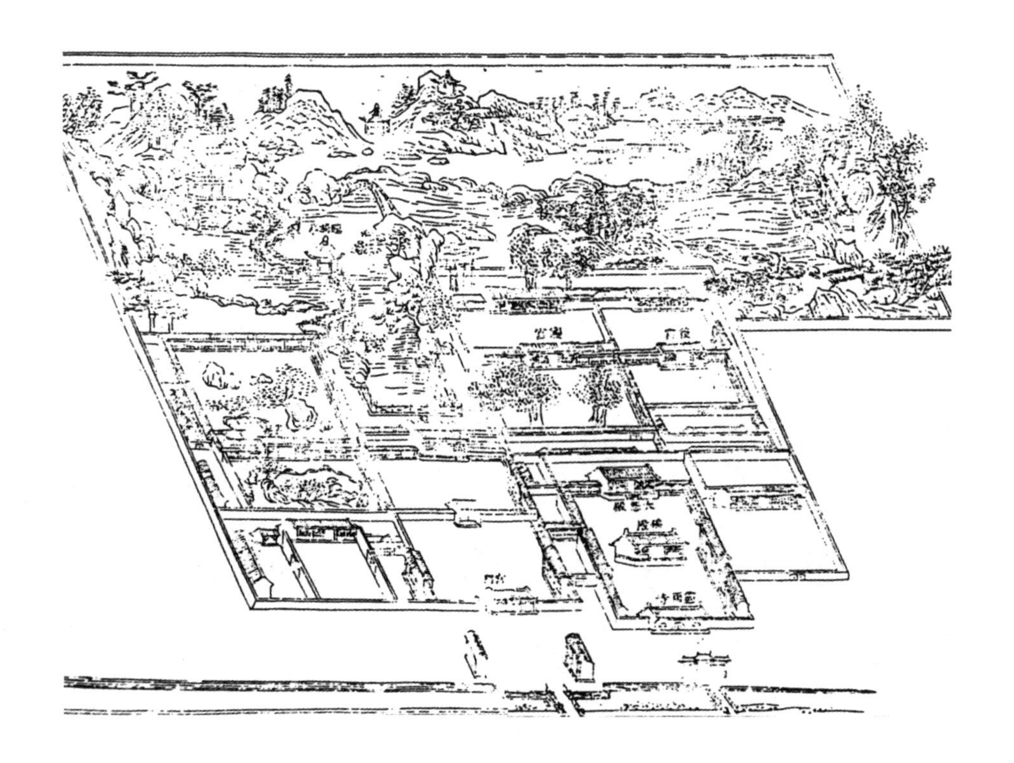

图 5-7-25
[清]《西巡盛典》——《临漪亭行宫》

图 5-7-26
[清]《古莲花池全景图》

《古莲花池全景图》绘于光绪年间，绢本设色画，纵112厘米，横235厘米，将全园景观缩于一图。该图视点较高，自南向北俯瞰园景。所绘景物空间格局与样式与《莲池行宫十二景图咏》较为相似，仅在局部有所变更（图5-7-26）。①

① 柴汝新：《清代保定古莲花池图概述》，文物春秋：2010 年第 3 期，第 70—74 页。